亲密关系中的隐蔽人格

于悦 著

中信出版集团 | 北京

图书在版编目（CIP）数据

亲密关系中的隐蔽人格 / 于悦著. -- 北京：中信出版社, 2024.4
ISBN 978-7-5217-6379-9

I. ①亲… II. ①于… III. ①人格心理学 IV. ① B848

中国国家版本馆 CIP 数据核字（2024）第 036063 号

亲密关系中的隐蔽人格
著者：　于悦
出版发行：中信出版集团股份有限公司
　　　　　（北京市朝阳区东三环北路 27 号嘉铭中心　邮编　100020）
承印者：　三河市中晟雅豪印务有限公司

开本：880mm×1230mm 1/32　印张：8　　字数：145 千字
版次：2024 年 4 月第 1 版　　　　印次：2024 年 4 月第 1 次印刷
书号：ISBN 978-7-5217-6379-9
定价：58.00 元

版权所有·侵权必究
如有印刷、装订问题，本公司负责调换。
服务热线：400-600-8099
投稿邮箱：author@citicpub.com

自序

产生创作这本书的念头是在一年前,我现在还记忆犹新。

那天凌晨,我将一篇论文的最终定稿投到《人格杂志》(*Journal of Personality*)编辑部后,我的内心开始出现一个声音:这篇文章如果能够发表,应该可以作为这些年我研究人格与亲密关系的一个里程碑了。不仅是因为我投递的杂志是国际权威心理学期刊,更多的是因为那篇论文是我对自己这些年研究的一个总结。

作为一名心理学研究者,我始终希望自己的研究能被更多人看到。虽然现在有大量的学术期刊都开始提供开源服务,但学术领域终归是个影响力有限的小圈子。如果能将我的研究系统性地呈现给更多人,岂不是真正体现了"心理学与生活"的宗旨?要知道,《心理学与生活》可是一本畅销佳作啊!

那么，该如何将我的研究成果系统性地呈现给更多人呢？我最初也确实考虑过通过写书的方式，但由于在高校工作，教学和科研任务较重，因此没有太多时间和精力去了解出版事宜。直到我在学校开设了"亲密关系心理学"这门课，才间接地推了自己一把——我在 B 站（哔哩哔哩）创建了账号，希望听听大家对亲密关系的想法。

我始终认为，心理学研究是一定要服务大众的，因为我们研究的对象正是人。

能把学术研究成果以最为易懂的方式呈现给读者，这点自信我还是有的。这就是我在 B 站视频里开头总说的那句话："大家好，我是致力于'说人话'的于悦老师。"

有了学术基础，开展写作就相对容易了。坦白讲，我其实内心早就构思好了框架，毕竟核心内容是我在攻读博士阶段就已经开始做的。所以，我全身心投入到这本书的创作中，努力进行通俗化的表达，尽量避免说教的味道。

在本书的第一部分，我想确立一个前提：在人际交往等社会活动中，所有人都会或多或少地有所保留，每个人的人格中都有一些隐蔽的元素。尤其是在亲密关系中，为了获得对方的好感，人们总会尽量展现最好的自己。然而，人性原本复杂，长期相处之后，隐蔽人格便会慢慢浮出水面。

在第二部分，我着重分析了操纵型、暴力型、虐待型和自恋型这四种主要的隐蔽人格在亲密关系中的具体表现，摘录了许多我在心理咨询中接触到的典型案例。这些故事的主人公大多是女性，她们并非天性软弱或脆弱，有的甚至独立而聪明，却受困于一段段不良的关系，难以看清真相，找到出路。情感虐待带来的隐形压力会影响一个人的情绪、生活和自我认知，而揭开伤口是实现痊愈的第一步。我还分享了很多判断不良关系的方法，大家无论陷入何种处境都可以参考。此外，我们还可以借助周围社会支持系统的力量——我们并非孤立无援。

在第三部分，我想提醒大家，不要孤立地看待一个人，也不要受网络媒体影响随意地给他人贴标签，并且我试图帮助大家重建与亲密伴侣的健康关系。人格虽然相对稳定，但并非不可撼动。如果感情双方愿意从更长远的视角来维系一段关系，愿意坦诚相待，建立良好的沟通方式，真正地付诸行动，那么，这本书将成为促成改变的开端。

任何向我们砸来的坏事都不一定会把我们拖入沼泽，关键是我们要将其视为一个学习、克服困难和崛起的机会，从而来拯救自己。

所以，我希望帮助读到这本书的你在亲密关系中更好地识别自己和他人身上存在的那些隐蔽人格特征，并找到合理的应对方式，最终更好地经营自己的亲密关系。同时，希望你在读完整本书后不急于给他人贴上某个标签，而是能够意识到人格的多元性、适应性、稳定性以及流动性。

我们可以厌恶某种人格特征，但也要看到复杂的人性背后的积极因素。

正如我在学校开设的"越轨社会学"课程里提到的，"越轨"这个概念不一定是负性的、消极的，它是可以有积极方面的。例如我们生活中大量的创新和变革行为——小到创作上的灵光一现，大到组织架构的调整——都来自积极越轨。所以，如果你能够以统合辩证的视角来阅读本书，就不会简单直接地否定隐蔽人格，而是会更清晰地把握人格发展的全貌。在个人获得成长的同时，相信你也会把这本书推荐给身边的亲密朋友。

我对这本书的期望包括三个方面：一是在符合学术规范的基础上，使整本书更具可读性。为此，我把相关参考文献全部放在本书的最后，这样做既不影响大家流畅地阅读，也方便对具体研究感兴趣的读者去查阅相关文献。二是希望这本书中的案例能给读者带来更多思考和启发。书中所有涉及的案例都来自我的真实研究和咨询个案，为了保护大家的隐私，我已做匿名化处理。值得一提的是，本书涉及的案例均来自中国家庭，可以说是来自我们身边，因此其社会文化背景与主人公的心路历程与我们的更贴近，对我们而言更具参考价值。三是希望这本书在若干年后依旧"不过时"，甚至可以成为亲密关系领域的参考手册。

随着时代的变迁，未来人们可能会表现出更复杂的隐蔽人格，学界也可能会对隐蔽人格从不同层面上进行更深入的研究，而那正是本书后续可以继续优化完善的地方。

于悦

2024 年 1 月

于中国政法大学研究生院科研楼

目录

引言
揭开人格面具：我们究竟是善还是恶?　　　　　　　　　　　*001*

01　人格中的隐蔽一面：你真的了解自己吗?

一、每个人都有隐蔽的一面　　　　　　　　　　　　　　　*009*
二、短期择偶：新时代年轻人的择偶偏好　　　　　　　　　*014*
三、隐蔽人格是怎样吸引我们，又是如何伤害我们的?　　　*020*
四、亲密关系是平淡生活的一剂药　　　　　　　　　　　　*026*
五、相似还是互补——我们在寻找什么样的爱人?　　　　　*030*
六、什么是人格，是性格吗?　　　　　　　　　　　　　　*035*

02　亲密关系中的隐蔽人格

七、操纵型人格——马基雅维利主义　　　　　　　　　　　*049*
　　马基雅维利主义者有怎样的特点?　　　　　　　　　　*052*
　　警惕煤气灯操纵! 识别隐秘而可怕的PUA手段　　　　　*061*
　　识别不同类型的操纵者　　　　　　　　　　　　　　　*063*
　　煤气灯操纵的三个阶段　　　　　　　　　　　　　　　*070*
　　你是如何被操纵的?　　　　　　　　　　　　　　　　*074*
　　关掉煤气，摆脱操纵者　　　　　　　　　　　　　　　*081*

八、暴力型人格——精神病态 　　*090*

　　精神病态者有怎样的特点? 　　*092*

　　说"我爱你"的人,也可能会说"我揍你" 　　*103*

　　如何识别施暴迹象? 　　*108*

　　受害者可能产生的创伤 　　*116*

　　如果暴力真的发生了,我们应该怎么办? 　　*121*

九、虐待型人格——施虐狂 　　*127*

　　施虐狂有怎样的特征? 　　*128*

　　施虐狂的典型行为:欺凌与虐待 　　*135*

　　施虐狂的两种类型 　　*140*

　　受虐者的特征 　　*141*

　　如何区分性虐待与受虐性癖好? 　　*143*

　　角色互换:施受虐的一体两面 　　*148*

　　斯坦福监狱实验 　　*149*

十、自恋型人格——自恋 　　*153*

　　自恋者有怎样的特征? 　　*157*

　　很容易爱上,却很难一直相爱的自恋者 　　*165*

　　越是自恋的人,在异性眼中越有魅力? 　　*169*

　　自恋者为什么总能那么快找到新伴侣? 　　*170*

　　自恋者的性胁迫 　　*171*

　　自恋者的精神虐待——"我好,你不好" 　　*172*

留下还是离开？　　176
　　自恋的人与什么样的人最相配？　　184
　　自恋人格与自恋型人格障碍　　188

03 / 以崭新的视角与爱人建立亲密关系

十一、从隐蔽到和谐　　195
　　东方文化中的内敛与社交的隐蔽性　　196
　　夫妻才是家庭的核心　　197
　　伴侣间的理想互动　　199
　　心理学通则下的个体差异　　202
　　隐蔽人格之间的关系　　204

十二、构建统合性人格，在亲密关系中获得滋养　　206

结语　　215

参考文献　　223

引言

揭开人格面具：
我们究竟是善还是恶？

人是性本善还是性本恶？

我们小时候大多背过或者念过《三字经》，因此可能潜移默化地接受了"性本善"的观念。与之相对的，荀子提出"人之性恶，其善者伪也"。他认为人的本性是邪恶的，人们那些善良的行为都是刻意为之，人一生下来就带着利禄之心，因此荀子强调道德教育的必要性。

一方坚持人性本善，一方聚焦于人性本恶，先贤们就人的本性形成了两种截然不同的观点。

心理学界自然也不能避免关于人性究竟是善还是恶的争论。以弗洛伊德为代表的精神分析学派最初就强调了人性之恶。弗洛伊德认为人的思想与行为是由无意识决定的。而无意识中的本能，包含了各种原始欲望和冲动。所以，他认为人性即人的本能。任何人身上都有这种本能，目的是满足某些基本需要。

具体来说，人具有"生的本能"与"死的本能"。前者的目标是追求欲望的满足和本能的需要，来维持和延续生命；后者的目的是中断和结束生命以返回至原始的无机物状态。"死的本能"具有向内投射和向外投射两种形式，向内表现为自虐、自残、自杀等行为，而向外则表现为攻击、破坏、伤害、侵略等行为。

虽然精神分析学派内部也存在关于人性善恶的其他观点，但影响力显然不如"性恶论"。

学者梅兰妮·克莱因认可弗洛伊德的观点，并发展、革新了弗洛伊德的死本能理论。她主张婴儿生来具有攻击性的潜意识幻想，并将人性视为对焦虑的对抗。克莱因认为，婴儿生来就具有一个原始自我，其精神世界充满不同的幻想与愿望，其中包括对母亲的攻击，如吞咬母亲的乳头等。这将精神分析学派的"性恶论"推向顶峰。

与之相对应的，人性本善论是人本主义心理学的基本人性观。它认为人的天性中就有实现自己潜能和满足人的基本需要的倾向。动物在向人进化的过程中，就表现出人性中自然性的一面，比如友爱、亲和与合作。我们之所以在家养宠物，正是因为宠物身上具有人性的一面，可以为我们带来快乐和安慰。很多人一生都与宠物为伴，也正是这个原因。

此外，人本主义代表人物卡尔·罗杰斯在心理咨询领域还提出了"无条件的积极关注"，即以积极的态度对待他人，不以评价的态度来对待对方，不论对方的品质、情感和行为如何，都对其给予无条件的尊重和接纳。同样是人本主义的代表人物，亚伯拉罕·马斯洛也提出爱是人类的本性，是一种健康的情感关系，需要双方的相互理解和接受。

看起来，对于人性善恶的争论会持续不断。

有趣的是，后续不断有学者开始借鉴"基因 vs 环境"（我们的成长究竟是依靠"先天"还是"后天"因素？）的折中观点，即认为绝对不是单纯的某一种因素在起作用，人性也是被中和后的产物。学者罗洛·梅认为，人性是既善又恶的。在适宜的成长环境和可以自我实现的环境中，人会表现出善良的一面，至少会表现为中性。人性的恶是基本需要未被满足，自我实现的环境被破坏而引起的。

如此看来，人性是现实而复杂的。

回想一下我们小的时候，无论是看电视剧还是看电影，是不是都喜欢问大人这个问题:"这里面的主角,是好人还是坏人啊?"在孩子们单纯的世界中,任何故事的发展都会遵循一个既定原则:好人一定不会有事,坏人一定会得到严惩。

然而,等我们长大后,再看同样的影视剧,会产生一些新的想法:"这个人好像也没那么坏,他也有自己的苦衷,他对自己的孩子还是很好的,我甚至有点同情他……"

怎么回事?是我们的想法变了,还是我们已经不辨是非、不分善恶了呢?

如果现在我们被小朋友问关于"他/她究竟是好人还是坏人"的问题,我们应该如何回答呢?我们内心的真实想法又是怎样的呢?

如果非要解释一下的话,或许有人会认同下面的说法:

"这个世界上没有纯粹的好人和坏人,每个人都是受到现实因素影响的复杂的个体。我们无法简单地用'好'或'坏'来判断一个人。正因为社会是现实且复杂的,所以我们都是社会人。"

衡量人性不能仅仅以"善"或"恶"为标准,还需要结合我们所处的客观社会环境。因此,人的本性也是如此:人本复杂，人本现实。而人性的复杂性与现实性，正是本书的核心——隐蔽（性）人格——的前提。

隐蔽，顾名思义，是指借助别的东西遮盖、掩藏，藏得比较深，所以不容易被看出来，就像戴了面具一样。有意思的是，"人格"（personality）和"人格面具"（persona）的词根是相同的，后者来源于古希腊语。面具本身是个中性词。我们扮演什么角色，戴什么样的面具，取决于我们所处的环境。

你可能在家一副样子，在工作单位一副样子，在学校又是一副样子……

你可能在领导面前一副样子，在同事面前一副样子，在孩子面前一副样子，在老师面前一副样子，而在同学朋友面前是另一副样子……

你也可能在现实生活中一副样子，在虚拟的网络世界上又是一副样子……

而在亲密关系中，有的人可能在追求阶段是一副样子，在恋爱初期是一副样子，在进入婚姻以后又是一副样子……

01

人格中的隐蔽一面：
你真的了解自己吗？

每个人都有隐蔽的一面

🔍 隐蔽人格的基本特点是什么？

🔍 隐蔽人格是进化而来的吗？

🔍 隐蔽人格特征显著的人都不希望给对方承诺吗？

"他在婚前特别自律，每天准时准点起床，作息规律，坚持运动，经济上也很独立。他对人特别讲礼数，身边的人没有说他不好的，都觉得他温文尔雅。但结婚之后情况立马变了。他所说的、所做的所有事情都是对的，都是合理的，我不能有任何意见，只能服从。但凡说了一句他不爱听的，他就会对我动粗……"

这个故事中的丈夫是典型的隐蔽人格。听完这个妻子的描述，我们能感受到这个丈夫的哪些特征？

婚前他是个自律的人，也有着一定的经济基础。从身边朋友的角度来看，他既懂礼节又很有修养，待人接物做得也很好，让人挑不出什么毛病。

问题出现在婚后：他整个人似乎都变了。他变得自以为是，听不进去别人的话了。他变得冷酷无情，甚至暴露出了攻击性。要知道，他攻击的对象可是自己的妻子！

综合分析他的种种表现不难发现，这个丈夫最大的问题就是：表里不一。

这对夫妻最终离婚了，但其间他们经历了长达10年的拉锯战。他们的故事并非个案，类似的故事会在后续章节中频繁出现。

严格意义上来说，每个人都有隐蔽人格，只是程度不同。

隐蔽人格属于一类人格特质群，它们彼此相互关联，同时也有各自明显的特点。整体来看，隐蔽人格符合人性的现实性与复杂性的假设。人们首先需要确保自己能够适应环境，并满足不同的社会要求：比如工作要求——他们需要做一个好领导或者好员工，可以拿到足够的荣誉和绩效；比如家庭方面的要求——他们需要做一个称职的妻子/丈夫或者父亲/母亲。而为了达到最终目的，他们可能会长期伪装自己，戴上不同的人格面具来体现他们的全能适应性，甚至有些人会不择手段。而最终，他们往往都会"实现愿望"。

可能有人会觉得，用"不择手段"来形容是不是有点过了？其实，"不择手段"是人类进化过程中遗留下来的一种本能。

我们试着想象一下回到物种起源的时期。那时，"物竞天择"与"自然选择"是进化论的黄金法则。人类作为有机体，为了在生存和生殖竞争中获得胜利，需要根据周边环境来权衡自己的生物能量和物质资源分配，建立起属于自己的一种生命策略。也就是说，人们为了活得更好，得根据自己的实际情况来适应环境，来打造一套适合自己的处世哲学。

那时候，环境因素非常重要。身处死亡风险比较高的环境之中，不确定因素太多，人们随时都可能会由于各种原因丢掉性命，因此倾向于采取快速生命策略（fast life strategy）。人们生命周期比较短、成熟得早、后代更多，生产和抚育后代的投入较小，最大的优势在于通过扩大后代的数量确保了基因延续。这属于典型的以量取胜的原则。

相对而言，不确定因素少的环境通常意味着低死亡率。此时个体倾向于采用缓慢生命策略（slow life strategy）。人们生命周期长、成熟得比较晚、后代数量相对较少，生产和抚育后代的投入比较大。个体越重视成长，其获得资源、地位和长久交配权的可能性就越大。这是典型的以质取胜的原则。

采用缓慢生命策略的个体往往表现出安全型的依恋风格，他们善于且乐于沟通，人格相对稳定，希望拥有长期的配偶关系。

采用快速生命策略的个体往往敢于冒险，但缺少远见，需要及时奖励和满足，容易沉溺于烟酒和药物，倾向于拥有短期且不稳定的配偶关系。

而隐蔽人格正是人类主动适应环境的结果。大量研究成果也证实了，隐蔽人格和快速生命策略关系紧密。例如，在隐蔽人格与快速生命策略的共同作用下，人们会具有明显的冲动性、反社会性，有属于自己的特权感，喜欢不受约束的性关系以及具有攻击性。

在亲密关系领域，快速生命策略与短期择偶关系（只进行短期交往，不考虑长期结果）又存在着千丝万缕的联系。

隐蔽人格特征显著的人在择偶时，为了创造有利于建立短期择偶关系的环境，他们的策略是降低择偶标准，同时扩大择偶范围。他们极为注重的是自身利益、偏好以及与对方是否般配，而不是感情。

当关系建立之后，隐蔽人格特征显著的人更容易另觅新欢，与此同时，他们的伴侣也更容易产生不忠行为。也就是说，建立短期择偶关系虽然能迅速获益——比如有机会获得更多伴侣，从而生殖竞争成功——却存在损失成本的风险：更容易失去已有的伴侣。毕竟，天天在外面折腾，"后院"很容易起火。

可以看出，不同择偶策略会给个体带来不同的适应问题。短期择偶意味着不需要太多的承诺（不需要考虑婚姻），而长期择偶意味着既要有承诺（与对方白头偕老）又要高投入（大量的时间和金钱），因为不仅要维系已有的配偶关系，还要考虑未来生养后代的事宜。

而隐蔽人格特征显著的人都比较擅长处理短期择偶关系。他们善于灵活运用各种手段去规避承诺，以便未来可以轻松摆脱配偶关系的拖累。他们试图既避免短期关系升级为长期关系，又维持住性关系。

因此可以说，隐蔽人格特征显著的人内心并不渴望建立长期的亲密关系，尤其是婚姻，他们只是迫于某些社会原因和多方压力才进入长期的亲密关系中，而这也为日后的冲突和关系破裂埋下了隐患。

二

短期择偶：新时代年轻人的择偶偏好

🔍 现在的年轻人都开始短期择偶了？

🔍 为什么短期择偶会被说有风险？

🔍 男性更偏向短期择偶？

提到择偶，我们首先就会联想到婚姻。

但近年来，我发现年轻人越来越多地呈现出了一种倾向：无论是我的学生还是来访者，大家普遍对婚姻"祛魅"了，甚至不再把结婚和生育当作人生中的重要目标。比如，小陈就坦言，持续处在恋爱关系中但不进入婚姻，是她未来更为倾向的一种生活方式。她认为和一个人相处几十年是难以想象的，如果觉得厌倦了，就可以考虑换掉伴侣。

从人体解剖学和生理心理学的相关研究来看，短期关系带给男性的繁殖收益是显而易见的。远古时代的男性可以在短期关系中获得直接的繁殖收益：成功受孕的女性越多，他就拥有越多的后代。而"男性比女性更希望发展短期关系"这个结论，也是经过大量研究证实的。和女性相比，男性渴望拥有更多的性伴侣，希望在交往中尽快进入性关系阶段，甚至可以为此降低择偶标准。

但这里存在一个问题：即便是短期关系，也需要双方都愿意。在不采用非法的暴力手段的前提下，男性如果希望做短期择偶行为，都需要征得女性的同意。因此，女性可能也会在短期择偶过程中获得某些收益。这些收益可能包括经济收益或物质资源、遗传收益甚至更换配偶等等。

因此，对于短期择偶策略的选择，确实是男性占主导，但女性也不在少数。

还有一些因素会影响人们采取短期择偶策略。

首先是性别比例。当女性过剩的时候，无论是男性还是女性都倾向于短期择偶。对男性而言，可选择的范围变大了。对女性而言，紧迫的是先进入一段关系，哪怕是短期的，之后可以再想办法将短期的变成长期的（比如怀孕）。

其次是配偶价值，即一个人对异性的整体吸引力。配偶价值高，比如社会地位较高、具有更优质的男性特征、长相帅气等，会让男性获得更多资源（包括性资源），因此他们更有可能采用短期择偶策略。同样，配偶价值高的女性也会更倾向于选择短期择偶策略。

最后是人格，尤其是隐蔽人格。隐蔽人格特征显著的人普遍比较擅长处理短期择偶关系。他们的策略是降低择偶标准，同时扩大择偶范围。他们看重的是自身利益而不是感情。比如，大伟在访谈中承认，他游刃有余地与短期伴侣相处，从不轻易做出承诺，不讨论未来的婚姻和养育子女的问题，也不愿意被任何一段关系束缚。他明白自己并不想要长期关系，所以通过这样的方式享受短暂的亲密与愉悦。

但为何最近短期择偶在年轻人群体中流行起来了呢？或许是现在的年轻人不希望有太多的承诺，也不希望为日后长期的生育和养育成本埋单，只想活在当下。造成这种现象，既有生活成本增加的原因，也有就业困难的现实考量，还有通过互联网映射到公众视野中的各种问题，等等。最终，这些综合性因素共同引发了一种社会趋势，即不婚不育。这也很好地解释了当下结婚率和生育率的下降。当然，这个问题讨论起来非常复杂，也并非本书的主题，所以不再赘述。

以下是我研究中的部分访谈内容，从中可见一斑。

"对于年轻群体，尤其是我们年轻女性来说，不结婚可以带来太多便利了。一方面可以免去生育带来的生理痛苦，我是真的很怕疼！不仅是疼，从备孕到孩子出生后坐月子，还要经历太多我压根就不想做的事情。不知道未来我会怎么想，但我现在坚定地不想生孩子。而且，不生还能杜绝孕期丈夫出轨，我身边这样的案例不能算多，但也不少了。我觉得产后抑郁不都是激素的问题，其他原因就不说了，懂的人自然懂。再说了，不要孩子还能节省养育成本啊，可以对学区房说拜拜了，挣的钱可以完全由自己支配。"

——小艾，24 岁

"如果不生育，我的生活可以有更多的可能性啊。毕竟在生育成本，尤其是时间成本上，男女之间的差异太大了：一边需要十月怀胎，另一边几乎没成本。这笔账我得算清楚。"

——小瑛，28 岁

"我觉得当下不管男女都应该选择短期择偶，谁也不用考虑太多未来，因为未来确实不会按我们的预期发展，更多的是走一步算一步吧！我身边的同事、朋友都是这样。只要做好防护措施，女性也可以像男性一样只看脸，不图别的。"

——小莉，25 岁

"过了 30 岁后，本以为家人会极力催我去相亲结婚，我内心很忐忑，结果没想到他们比我想得明白啊！他们说，现在我们这一代人确实不太适合结婚生子，尤其是在大城市生活，成本太高，压力太大了。身心健康是第一位的，他们希望我过得开心，这让我超级感动！"

——小陈，31 岁

"天天喊男女平等，真正做起来很难，所以就先从择偶自由开始吧！只要符合我的审美，哪怕他穷一点、矮一些都可以。我又不靠他养活。谈恋爱而已，太认真的话，压力真的好大。"

——小安，23 岁

"我不想要孩子，我还想让自己的生活过得更加丰富多彩。我还有物欲，如果一个人喜欢我，愿意给我买东西，我当然开心，同时我也会买给他。就算哪天他不给我买了，我自己也能买。"

——小罗，22 岁

"我想得没那么远。合适就先谈着,未来有可能走进婚姻,那就走,不行就好聚好散,随缘一些。真要抱着找一个就过一辈子的心态,自己反而会害怕。"

——小薇,29 岁

"从小父亲就没怎么管过我,或者说我就没怎么见过他,都是我妈妈带我,你说我还相信个啥婚姻?还是找个男朋友,或者养条狗吧。"

——小丽,20 岁

不同的时代会出现不同的理念。与此同时,我们应该意识到,每个人的生活环境是不同的,受教育水平是不同的,人格特质是不同的,甚至年龄阶段也是不同的。我们有属于自己的认知和生活态度,也会有不一样的偏好和选择。无论是选择长期择偶策略还是短期择偶策略,本质上并无好坏对错之分。就像之前提到的"先天 vs 后天"、"人性本善 vs 人性本恶",都不存在一个绝对的标准答案。相比于从自己的固有视角去评价他人,我更倾向于尊重每个人自己的选择。

三

隐蔽人格是怎样吸引我们，又是如何伤害我们的？

- "男人不坏，女人不爱"真的有科学依据吗？
- 隐蔽人格的阶段性表现是什么？
- 隐蔽人格能带来什么好处，又存在什么危害？

在短期择偶关系中，或者在关系建立初期，人们往往展现出隐蔽人格中颇具吸引力的一面，给人留下"有能力、有魅力、好交际"的良好印象。只有当人际互动加深时，他们行为中的缺陷才会逐渐展现出来。

对于这些人受欢迎的原因，可以总结为以下几方面：

他们普遍比较会宣传和经营自己，在公众场合中会表现出明显的自我炫耀行为。比如，他们可能会把最近在做的一些医疗方面的投资、获得了某某知名医院和医药公司的青睐与认可这些事挂在嘴边。与此同时，夸大其词也是他们言谈之间的明显特点。比如对于"医疗投资的成果"，他们可能会夸张地将其描述为"投资重组之后的上市规划"。虽然不排除真实的可能性，但他们会基于现实情况，着力在细节方面进行夸张化描述。此外，除了对事情的夸大，他们还擅长对自己身上的优秀品质进行一些宣传。比如他们会给自己设定一个将医疗投资与公益事业相结合的形象，强调自己致力于对身边小微企业的扶持、对一些有上进心的年轻人的资助，以提升自身的社会形象等等。他们的目的是获得身边人更多的认可，同时展示自己的人格魅力。

当代社会人际交往周期短、速度快，人们很难在短时间内彻底了解另一个人。这为人们隐藏部分人格特性，只展现自己有魅力的一面提供了机会。有些人会在有限的社交场合中，进行高效的印象管理。印象管理是通过管理自己的行为、言语、外貌等外在表现，来控制他人对自己所形成的印象，目的是建立并维持自己完美的人设。因此，会出现很多"有意为之"的行为。他们尤其擅长利用心理学中的首因效应，注重自己给别人留下的第一印象。不管在什么场合，我们对他人建立并形成的第一印象都是非常重要的。现代社会生活的节奏越来越快，我们平日都很忙碌，无法投入太多时间和精力去了解一个人。

这种时候，首因效应就会更加突出。

违背传统的越轨行为对一些人极具吸引力。在隐蔽人格的影响下，有些人很擅长做出那种我行我素、挑战传统道德和权威的行为。这种行事风格展现出来的挑战性和新鲜感，会对大众进行巨大的心理补偿。在社会主流文化更强调一致性的压力之下，人们往往倾向于做出从众行为。而这种具有反叛精神的越轨行为，会极大地吸引那些由于外部道德约束和其他条件限制而不得不压抑的人，尤其是涉世未深的年轻女性。这也为"男人不坏、女人不爱"提供了依据。当然，这个"坏"的程度并非毫无限制，一旦超出了个体的承受极限，比如出现了明显的攻击或反社会行为，就会直接导致关系破裂。

待一段关系进入中后期，隐蔽人格对关系的危害就会慢慢浮现。

学者英戈·泽特勒（Ingo Zettler）和同事们在2018年和2021年发表了两篇文章来证实隐蔽人格的核心特征，并将其命名为"暗黑因素群"。其中的一些典型表现如下：

利己主义（egoism）：这些人普遍过度关注自己，具有明显的"自我中心"导向。无论是通过文字进行交流还是在面对面的言语沟通中，他们以"我"为开头或主语的占比极大。同时，他们极度关注私利，为了个人利益可以轻易地牺牲他人，甚至会去伤害他人。在他们眼中，凡事首先要为自己考虑，即便这样做可能会对别人造成麻烦。"如果不走捷径，很难成为人上人"是他们的人生格言。此外，他们极度重视自身享乐，在他们眼中，谋取利益最终就是要为自己带来快乐。

道德解离（moral disengagement）：这些人的道德感普遍不高。别人眼中的伤害行为（拍打、推搡甚至是恶语相向），在他们看来只是在开玩笑。他们很少会因为破坏某件物品或动手打人而感到自责或愧疚，而是往往把这些粗鲁的行为归因于恶劣的环境。在极端情境下，他们甚至认为有些人应该像动物一样被对待，而殴打只是为了给他们一个教训。他们可以随意地为自己的行为找到自认为正当的理由。在当下的互联网环境中，在道德解离的心理之下，霸凌行为和"喷子"随处可见。

心理赋权（psychological entitlement）：他们普遍认为，自己应该得到更多，并且完全有资格比别人得到更多：因为比别人都要优秀，所以自己配得上更好的待遇。他们很难听进去别人的话，甚至认为自己优于身边的所有人。亲密伴侣在与他们相处时，经常会感受到他们的"高高在上"。他们的言下之意就是：你我不在一个层级和段位上，你甚至都没有评价我的资格。类似情况在影视剧中也比较常见，比如男主角会通过敲桌子的方式跟女主角沟通。

自我利益（self-interest）：他们拼命追求那些具有社会价值的收益，比如物质财富、社会地位、他人的认可、学术或职业成就。他们需要确保所有人都知晓自己的成功。在和他们交往的过程中，我们总会感受到他们在刻意强调自己的社会地位和经济实力。足够的社会权力和控制感会让他们感到心安和满足。他人的认可会不断地为他们提供前进的动力，同时也会让他们变得越来越不满足于现状。他们可能会在亲密关系中表现出极端的控制行为和支配感，希望成为关系中的"绝对话事人①"。

恶意满满（spitefulness）：这是一种行为偏好，一种会伤害他人，同时也会伤害到自己的偏好，带来的结果就是我们常说的"杀敌一千，自损八百"。这种伤害可能来自各个领域，既有可能是社会舆论、经济财务、身心健康，也有可能是日常琐事，比如只是一个"不方便"，两个人就站在门口互不相让，最后谁也过不去。他们单纯就是为了看到别人受到惩罚，哪怕在过程中会伤害到自己也在所不惜。严格意义上来说，这是一种毁灭性人格。

---

① 话事人，粤语用词，意为"可以做决定的人"。——编者注

关于暗黑因素群的讨论还未结束，我将在后续的内容中重点解读四种关键的隐蔽人格的特质。

但在正式了解隐蔽人格之前，我们需要先明确人格与亲密关系究竟是什么以及它们之间存在怎样的联系。你可能会觉得这些都是常识，没必要专门来讨论，但如果你读完下面的内容，想法或许会改变。

四

亲密关系是平淡生活的一剂药

- 亲密关系的特点和范围是什么？
- 我们需不需要有归属感？
- 亲密关系对我们有哪些好处？

提到亲密关系，我们首先会想到什么？相信多数人脑海中第一个浮现的概念就是恋爱关系或者婚姻关系。继续想下去的话，大家可能还会想到许多其他关系，例如好朋友之间的友谊、父母和孩子之间的亲子关系，甚至是和家里的爱宠之间的关系。

那亲密关系对我们重要吗？

答案是显而易见的。打开各种视频平台，以亲密关系作为标签的内容比比皆是。走进一家书店，门口的畅销书展台一定会为有关亲密关系的内容留有一席之地。甚至在给我们手机推送的主流信息中，亲密关系主题的内容也占据了相当大的比重。

因此，即便亲密关系可能给你带来过巨大的创伤和阴影，它也无法抹杀，甚至这反而验证了它对人类的重要性。

著名发展教育心理学家爱利克·埃里克森早在20世纪五六十年代就提出了人格的社会心理发展八阶段理论。该理论强调，我们在成年早期阶段（18—40岁）最重要的任务就是建立亲密感，避免孤独。亲密感的建立可以为我们带来极大的益处，比如安全感与情感支持，有助于我们减少恐惧和焦虑，甚至是躯体疾病，从而更好地应对挑战和困难。

同时，人类之所以需要亲密关系，本质上源于一种需要——社会需要。

那什么是社会需要？

大众最为熟知的心理学理论之一，是由人本主义心理学家亚伯拉罕·马斯洛提出的需求层次论。马斯洛把人的需要分为最核心的5种需要（后续细化出了7种甚至更多），其中归属和爱的需要占据了金字塔的中间部分（见图1）。

可以说，在确保我们能吃饱穿暖且有地方睡之后，我们就会开始寻求归属的满足感。归属和爱的需要会促使我们努力

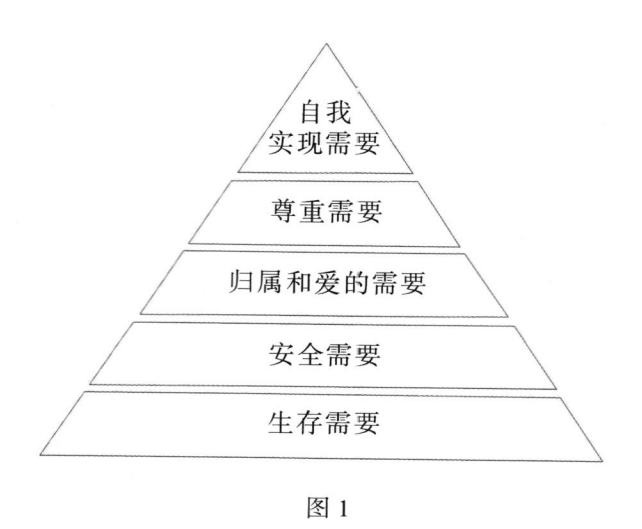

```
         自我
        实现需要
       ─────────
        尊重需要
      ───────────
       归属和爱的需要
     ───────────────
         安全需要
    ─────────────────
         生存需要
```

图 1

与他人建立和维持亲近密切的人际关系，我们会主动去结识朋友，主动扩展自己的交际范围，参加更多的社交活动。同时，我们也希望跟那些对我们感兴趣的，愿意了解、关心我们的人交往。归属和爱的需要的本质，最终落脚于两个人之间的互动行为。理想的互动，就是建立一种"你中有我，我中有你"的关系。这也是亲密关系区别于泛泛之交的关键所在。

"我对你十分感兴趣，我们有着共同的爱好，能聊得来。未来希望对彼此有更多的了解，同时也希望能得到对方的关爱。我们能够彼此信任，可以一起经历和体验不同的生活状态，一起成长进步。希望我们可以是一辈子的爱人或知心朋友。"

亲密关系还能为我们提供许多益处。大量的研究证实，相比于独自生活的人，拥有亲密关系的人会更幸福、健康，寿命更长。甚至是只要看看亲密伴侣的照片，人们就可以忍受更剧烈的疼痛，伤口也会更快地愈合。难怪现在这么流行"贴贴"——人类天生便需要亲密接触。

有研究还发现了另一个有趣的结论：我们的伴侣究竟是谁，实际上并不重要。只要这个伴侣可以给予我们持续的关爱和包容，我们的归属和爱的需要就可以得到满足。换句话说，即使你分手了，或者结束了一段亲密关系，那也并不意味着世界末日到了。你还可以重新出发，去寻找新的亲密伴侣，这个人仍然可以满足你的归属和爱的需要，你依旧可以在新的关系中获得幸福。如果此时你正处在刚刚结束一段亲密关系的阵痛期，希望上述内容可以给你一些力量。

亲密关系本质上是一种人与人之间的特殊联结，好的关系能够源源不断地为人们提供精神和情感上的支持。而在维系亲密关系时，双方的人格至关重要。

五

相似还是互补——我们在寻找什么样的爱人？

- 我是个什么样的人？
- 我喜欢什么样的人？
- 我希望和什么样的人一起生活？

这些是我在"亲密关系心理学"课上经常问大家的问题。

影响亲密关系的因素非常多。我们的三观（价值观、人生观、世界观）和人格是这几十年来被研究最多的。研究结论称，如果我们希望顺利进入或是开展一段亲密关系，双方以价值观为首的三观务必趋同。也就是说，两个人的三观不能有太大差异。（这里我们暂且不去讨论二者的三观是正常的还是歪曲的。）

很多人都认为这是个看脸的社会，恋爱首先要看颜值。脸确实很重要，但其作用仅限于最初的印象形成阶段。也就是说，在关系建立的伊始，我们可以靠外在形象去提升自己在对方心中的印象分数。但当进入亲密关系后，随着相处的时间越来越多，对彼此更加了解，两个人之间的观念差异就会被放大。具有相似观念的伴侣可以更好地维系关系。反之，倘若存在明显的观念差异，甚至是观念冲突，则会加剧关系的破裂。

小丽的故事就很有代表性。

起初，小丽被男朋友出众的外形吸引，加上她自身条件也很不错，两个人很快便坠入爱河。但随着相处的深入，小丽发现男朋友花钱大手大脚，两人刚工作没多久，收入有限，但男朋友不但"月光"，而且还在各种金融平台借下了一笔笔贷款。严重时，他甚至朝小丽甚至小丽的家人借钱还款。这种行为给小丽造成了相当大的冲击。受从小接受的教育的影响，小丽倾向于有规划地做财务管理，对于过度消费这样的行为并不认同。两人因类似事件争吵无数次。最终，因为金钱观的差异，小丽提出了分手。

对于双方人格是如何影响亲密关系的，学者们的观点呈两极化。一方认为，亲密关系中的伴侣人格越相似越好。"门当户对","物以类聚，人以群分",这些观点都是相似性假说的重要证据。

而另一方则认为，人格应该是"相反相吸"的。比如，很多人会用当下流行的MBTI（16型人格理论）来解释自己的择偶标准。

"我是一个INFJ（提倡者型人格），我希望找一个ENFP（竞选者型人格）。为什么这么说呢？因为我本身属于比较内向的人，又特别爱幻想，很关注别人的情绪价值，同时做事情也很有计划性。而ENFP普遍都比较外向，这点跟我很互补。而且他们做事特别有激情，在我没动力的时候可以很好地鼓励我。同时他们也有独特的创造力，可以带我去积极主动地探索。跟ENFP在一起，绝对不用担心没话可说，而且他们很能共情，在我需要倾诉的时候总能认真倾听，还能懂得我想表达的东西。虽然他们忘性比较大，但他们不记仇啊，会给我很大的安全感……"

那么，你是认同"相似相吸"还是"相反相吸"呢？

结果一定不会是一边倒的！肯定有人认为，人格越相似越有助于亲密关系的维系，也会有不少人相信互补的人格会让亲密关系更理想。

作为一个研究人格与亲密关系近10年的学者，我对此的看法也经历了不同的阶段。最初，我更倾向于认同"相似相吸"。但当我长期去追踪亲密关系和人格的发展之后，我开始更加倾向于支持"相反相吸"了。

这说明什么呢？或许相似和互补并不是绝对的。

在刚刚进入亲密关系时，有类似的价值观和人格的人会更容易聊得来。换句话说，我们实际上是在喜欢另一个类似的自己，这看起来没什么问题，毕竟我们都需要一点自恋。

但随着关系的深入，关系中的"我"渐渐地变成了"我们"，很多事情需要开始进行分工，那就势必会有一方需要进行所谓的"功能性"调整。这可能是主动的，也可能是被动的。

人格互补在生活中往往具体表现在分工合作上。比如有了孩子之后的夫妻，经常就辅导孩子学习和照顾孩子日常起居进行分工，可能由父亲来管学习和检查作业，由母亲负责孩子吃得营养、穿搭得体；刚开始同居的伴侣可能会在"谁来做饭"和"谁去洗碗"之间进行分工，如果是点外卖的话，也要针对"谁去取，谁去扔"来进行分工；再比如，做家务时，可能会"这个月你来大扫除，下个月换我来"。

归根结底，长期的亲密关系都需要双方大量地"打配合"。于是，互补情况多于相似情况也就顺理成章了。

未来，聚焦于人格相似性对亲密关系影响的研究依旧会持续进行，但可能始终无法得出一个明确的答案。究其根源，是我们的人格既是稳定的，又存在改变的可能性。这也正是我接下来要讨论的内容。

六

什么是人格，是性格吗？

- 人格和性格有什么区别？
- 我们平常说的性格就是人格吗？
- 人格是稳定的还是可变的？

接下来，我尝试用最易懂的方式来回答上面三个问题。

首先，人格的概念比较复杂。有强调个体差异的人格特质理论，也有强调群体差异的人格类型理论，不同理论对人格进行了不同的定义。人格特质理论强调的是人格在量上的差异，人格类型理论强调的是人格在质上的差异。人格特质理论描述的是人格的下位特征，更为具体。比如说这个人的情绪极为稳定，无论受到多大的压力或遇到怎样的突发事件，他都可以从容地应对。人格类型理论呈现的是人格的上位特征，更加抽象、概括。比如，A 型人格语速快、急脾气，B 型人格则相对沉稳，比较与世无争。

当前颇为流行的 MBTI 就是典型的人格类型理论。如果你是 ESFJ（执政官型人格），那你就不可能再是 INTP（逻辑学家型人格），你只能属于某一个类型（见图 2）。

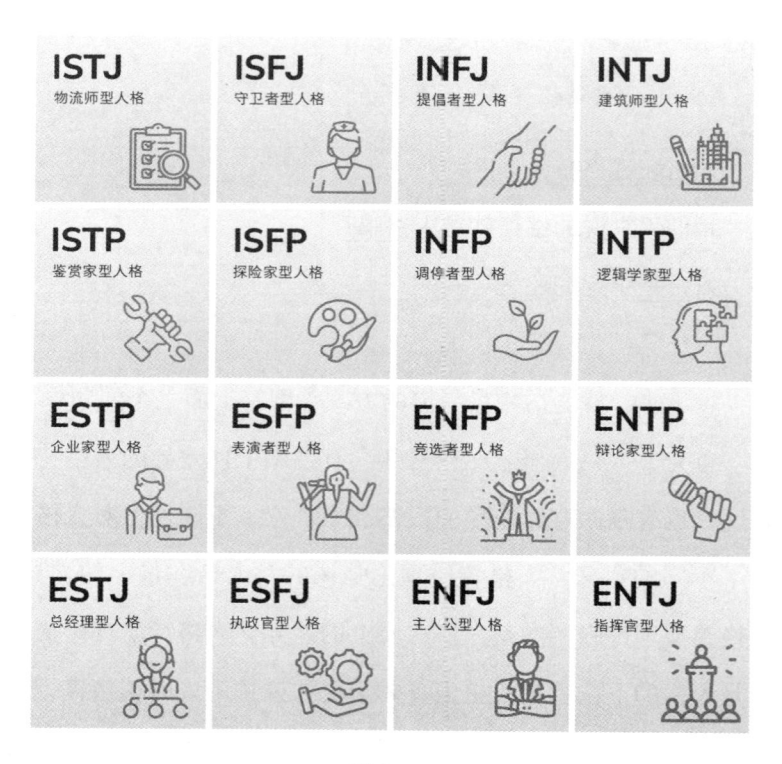

ISTJ 物流师型人格	ISFJ 守卫者型人格	INFJ 提倡者型人格	INTJ 建筑师型人格
ISTP 鉴赏家型人格	ISFP 探险家型人格	INFP 调停者型人格	INTP 逻辑学家型人格
ESTP 企业家型人格	ESFP 表演者型人格	ENFP 竞选者型人格	ENTP 辩论家型人格
ESTJ 总经理型人格	ESFJ 执政官型人格	ENFJ 主人公型人格	ENTJ 指挥官型人格

图 2

而人格特质理论的代表则是著名的大五人格理论。大五人格理论包括开放性、尽责性、外倾性、宜人性和神经质五个维度，这五个维度每个人都会有，只是存在水平高低的不同（见表1）。这五个词英文的首字母能够组成"OCEAN"这个英文单词，因此被称为"人格的海洋"。

表1 大五人格理论

大类	人格	特点	典型特征
Openness	开放性	幻想对务实、变化对守旧、自主对顺从	刨根问底、兴趣广泛不拘一格、开拓创新
Conscientiousness	尽责性	有序对无序、细心对粗心、自律对放纵	很有条理、勤奋自律准时细心、锲而不舍
Extraversion	外倾性	外向对内向、娱乐对严肃、激情对含蓄	喜好社交、活跃健谈乐观好玩、重情重义
Agreeableness	宜人性	热情对无情、信赖对怀疑、宽容对报复	诚实信任、乐于助人宽宏大量、个性直率
Neuroticism	神经质	烦恼对平静、紧张对放松、忧郁对陶醉	焦虑压抑、自我冲动脆弱紧张、忧郁悲伤

在某种程度上，我们可以这样理解：特质是人格的基本单位，特质包含于类型之中。因此，当我们在看MBTI测试的人

格解读时，会发现许多类似特质的描述，比如表2中这些人格类型。

表2　MBTI 的类型介绍

外向（E）— 内向（I）	能量交换：偏爱把注意力集中在哪些方面
实感（S）— 直觉（N）	信息获取：我们获取信息、认识世界的方式
思考（T）— 情感（F）	决策方式：我们做决定的方式
判断（J）— 认知（P）	生活方式：我们适应外部环境的方式

外向型（E）的人喜欢成为大家关注的焦点，更喜欢一边想一边说出声（出声思维法），反应快，注重事物的广度而不是深度。

直觉型（N）的人更相信灵感，注重想象力，喜欢跟着感觉走。

情感型（F）的人往往会考虑自己的行为对他人的影响，比较在乎他人的感受。

判断型（J）的人更重视制订计划，并且看重结果。他们会将工作始终摆在首位。

MBTI测试有效地结合了人格特质理论和人格类型理论的优势，因此得到大众的接受和认可，风靡一时。人格特质理论的描述足够具体，更容易让人带入现实生活。而人格类型理论则满足了人们对于"贴标签"的需求。

心理学家 J.P. 吉尔福德强调人格结构的整合性与独特性，认为人格是每个人具有的与他人不同的、可辨认的且较持久的由各类特性（如需要、情绪、认知、兴趣、态度、气质、能力等）构成的独特模式。

和他一样，我也坚持认为，人格是个统合概念，是我们在对人、对事中表现出的能力、气质、性格、需要、动机、兴趣、理想、价值观等方面的整合，具有稳定性和适应性，兼具多元性和流动性。

显然，我们可以认为性格是我们对现实的一种相对稳定的态度，是人格的其中一个剖面，也是人格的一种外在表现。而对于人格是不是一成不变的，不同理论学派持有各自的观点。

以弗洛伊德为代表的精神分析学派强调人类本能的需要和生理动机，认为"江山易改，本性难移"。成人的人格特征是由婴幼儿时期的各种经验所决定的，成年后很难再有所发展。倘若想改变人格，只能在特定的婴幼儿时期（关键期）进行教育。他们的看法印证了我们的那句古话：三岁看大，七岁看老。很多人喜欢把人格发展过程中出现的问题全部归咎于原生家庭，或多或少是受到了精神分析学派的影响。

与之相反，行为主义学派创始人约翰·布鲁德斯·华生有一句经典的论述："假如给我一打健全的婴儿，让我在特殊环境中教养他们，那么我可以保证，我能把他们训练得去做我所希望的任何职业，比如医生、律师、艺术家，甚至是乞丐和盗贼。"显然，行为主义学派秉承的观点是"人格是可以改变的"。这与"我命由我不由天"不谋而合。

以上的分歧类似于"先天基因决定论"和"后天环境决定论"之间的争论，当前人格心理学领域比较倾向于折中的看法，即人格的发展是稳定性与可变性的有机结合。每个人都有自己固有且相对稳定的性格特质，但这并不意味着我们不能通过努力去改变或者优化它们。

所以不难看出，对于人这种复杂的生命体，用单一甚至二元论的视角的确很难全面且科学地解读。因此，我希望未来我们看待生活中的任何事物都要尽力避免"二极管思维"。

还记得前文提到的那个互补人格的例子吗？

一个 INFJ 型的人想找一个 ENFP 型的人做伴侣，这样一个内向、一个外向，一个有计划性、一个有创造性，可以形成互补。

"INFJ 和 ENFP 竟然是天生一对！""找对象就找 ENFP！""ENFP 是共情大神！"类似的话题层出不穷，甚至会成为各种社交媒体上的热点。

各路人马曾抛给过我这样的问题:"您作为人格心理学专家,又致力于研究亲密关系,能给我们解释解释,人们为什么会对人格测试这么在意吗?人格类型是一成不变的吗?人格真的对亲密关系有很大影响吗?"

起初,我认真地从学术视角讨论过为什么我们会偏好人格测试,为什么各类人格测试能迅速"出圈"却并不被学术界认可。后来我发现,其实大家并不是想听这些。真正在乎"我的性格测试究竟准不准的",只是一小部分人。多数人只是在通过测试进行"社交",在枯燥的学习和工作之外寻找共鸣。换句话说,人格测试是当下社交媒体高度发达的产物。相比于科学属性,人们更看重它的社交属性。

不过,就此契机,我还是谈一下对于人格测试到底靠不靠谱的一些观点。

以 MBTI 测试为例。MBTI 测试的创始人伊莎贝尔·布里格斯·迈尔斯及其母亲都是著名精神分析学家卡尔·荣格的忠实追随者。她们很好地继承了善于思辨的家族特征。最初她们觉得,人们不能理解彼此之间的差异,才导致了战争。因此,为了促进世界和平,她们将荣格的人格理论和自己的"学说"进行了整合,最终形成了 MBTI 测试。虽然 MBTI 测试没能避免战争的发生，却受到了大量企业的青睐，被用于人才选拔，至今仍是很多企业在面试和对员工做发展培养计划时常用到的测评工具之一。

MBTI测试存在很多争议。很多人说MBTI测试缺乏科学性，没有实证研究支持。这背后其实存在一个潜在的鄙视链，也暴露出心理学界直到现在依旧面临的重要问题：基础研究与应用研究之间存在鸿沟。

对MBTI测试持否定态度的一方，其实是在质疑迈尔斯母女的出身。他们认为迈尔斯母女并不具备专业的心理学背景。可见，出身的确很重要——如果你是专家，你的观点会更容易被信服。

前文提到的热门的心理学理论之一，马斯洛需要层次论，最初是根据对大量成功人士的访谈而得出的，同样不够严密。成功人士的独有经历和观念，不一定适用于普罗大众。

马斯克在接受采访时曾被问到这样一个问题："AI时代，科技不断在进步，你会给你的孩子提供什么职业生涯建议？"沉默良久之后，马斯克回答："我应该会说，追随他们的内心，做那些他们觉得充实有趣，对世界、对他人有益处的事情。"

他说的事对他的孩子来说或许并不难，对普通人来说实现起来可能阻力重重。

MBTI 测试是一种通俗且逻辑自洽的体系。典型的逻辑思维方式有两种，一种是归纳，一种是演绎。MBTI 测试是在后者的基础上形成的。这种演绎是以一种人格类型的假说为基础进行的演绎，而不是像物理学那样从公理出发进行的演绎，所以相对就比较难以做到绝对客观。再加上它的研究对象并不是物体，而是复杂多变的人类，会永远受环境和文化等宏观层面的影响，其研究就变得难上加难。

其实，很多人格研究都存在这样一个问题：研究的对象是人，但结论却让普通人听得云里雾里。因此我们需要建构一种看起来自洽、通俗易懂的理论，而我们熟悉的大五人格理论虽然有足够的理论建构以及实证研究依据，但它还不够直白，没有将真正的结论以足够浅显的方式演绎出来。MBTI 测试正好扮演了这个角色。

当今社会，我们的社交需求是极强的。除了 MBTI 测试，各个网络平台的性格测试层出不穷，某些音乐平台、游戏平台纷纷推出一系列性格测试。当然，这些性格测试几乎没有科学性可言，纯粹是迎合人们的社交需求。但大家纯粹是为了好玩，对此并不在意。

很多心理学科普读物里都解释过巴纳姆效应：人们往往容易接受笼统、一般性的人格描述，并认为它们反映了真实的自己，即使这些描述十分模糊和广泛。比如我们熟知的星座分析，很多时候描述的都是一些模棱两可的话，放在任何人身上都有合理的成分，可即便如此，星座依旧是流行的"社交货币"。有时候，我们需要通过给自己"贴标签"，一方面认识自己，另一方面得到他人的共情。

我们对自己的认知不足，还不够全面、深刻地了解自己，所以希望通过测试揭示自己到底是什么样子的。如果通过测试得到了明确的答案，知道了自己的目标和期望，即便暂时达不到，我们也会朝着这个方向有意甚至刻意地努力。严格意义上讲，这也是一种催眠。

而共情则是人类感性维度上的需要，是人类很重要且高级的情感功能。当我们的情绪被唤醒时，内心就会产生波动，进而影响判断和行为。我们会涌上一种宽慰和舒适的感觉："这就是我！""真是太懂我了！""你快看看，这说的不就是我吗？不能再准了！""快把摄像头拆了好不好……"

当下火爆的网络直播带货，甚至是诈骗行为，正是成功地操控了我们的情绪，才获得我们的信任。

每个人都是独一无二的，我们既天生与众不同，又潜力无限。虽然"贴标签"有助于我们构建身份认同，但我们也要留意，不要削足适履，被某种标签禁锢，忽视了人生的广阔可能。

02

亲密关系中的
隐蔽人格

七

操纵型人格——马基雅维利主义

不知道有多少读者是在拿到书看完目录后就直接翻到这一页了。

或许是因为"操纵"这个词太吸引眼球了,也可能是"马基雅维利主义"这个词比较陌生,同时又有点神秘色彩。

我们先来看一个真实故事。

2016年3月,美国HBO电视网主持人约翰·奥利弗和唐纳德·特朗普展开了一场激烈的网络骂战。

起初,特朗普公开表示,自己拒绝了奥利弗的节目邀请。他在推特上写道:"约翰·奥利弗让他的同事邀请我参加他那个极其无聊且收视率极低的节目,我说'谢谢,没兴趣',我可不想浪费时间和精力。"

然后奥利弗立即澄清,表示他压根无意让特朗普上他的节目,又谈何邀请呢?

之后特朗普更是公开表示:"他确实邀请了!而且还不止一次,是四五次!"

当大家以为奥利弗会把这件事当作调侃,一笑置之的时候,奥利弗内心却有点动摇了:"他这么确信,难道我真的邀请过他?"

于是他反复核实,生怕是哪位工作人员无意间错发了邀请。

当然,最后他确认并没有这件事。

"还好我压根不在乎他是谁,更不想跟他有什么交集,但他敢这么信誓旦旦地胡说八道,倒真是挺能唬人的。"奥利弗解释道。

看完故事,回到我们自己的生活。回想一下:我们是否有过类似的经历?

明明你没做,但他就是说你做了!而且百分之一千地确信!此时你会怎么办?

如果这个人跟你关系不大,你根本不在乎他,或许你可以完全不受影响,甚至会觉得可笑:自己为什么要跟一个无关紧要的人较真呢?

但如果这个人就是你的亲密伴侣，或者是你的家人或者朋友，那你又会如何应对呢？

看到这里，相信不少人已经意识到了——对，这就是典型的煤气灯效应，也就是我们常说的情感操控。而特朗普的行为，就表现出了他典型的操纵型人格——马基雅维利主义。

马基雅维利主义的名称来源于文艺复兴时期的意大利政治思想家、历史学家尼科洛·马基雅维利。他认为这个世界上不存在"利他主义"，也不存在所谓的公正。只要你是胜利者，你甚至可以定义"正义"。只要你成功了，你说什么都是对的。必要时，你可以采用任何手段以达到最终目的。马基雅维利主义者的典型表现包括：冷酷无情、擅长操纵、精于阴谋算计、讲究实用主义、注重结果和忽视道德等等。在亲密关系以及其他人际关系中，马基雅维利主义者在这些方面表现得淋漓尽致。

加拿大犯罪心理学家罗伯特·黑尔用了十多年时间研究了上百个案例，得出这样的结论："不是所有的精神病人都在监狱或医院里，有些就在董事会里。"这里的精神病人，并不仅仅指那些达到临床诊断标准的"病人"，还包括有病态心理和病态行为的"正常人"。在心理学和精神病学领域中，我们把这类人称为"亚临床群体"。

这也再次印证了前文中表达的观点：隐蔽人格就在我们

身边。

以下是基于国内外学者和我近十年的实证研究总结出的马基雅维利主义者的典型特征，其中一些真实的访谈内容已做匿名化处理。

马基雅维利主义者有怎样的特点？

📦 满嘴谎言

为了达到自己的目的，他们善于编造大量谎言来构建自己的人设，并会通过欺骗伴侣以获得更多的主导权和控制权。对他们而言，关系中的权力是必须掌握在自己手中的。只有支配了伴侣，他们才能够获得真正的满足感。为了维持自己在关系中拥有的权力，他们甚至会制造自己身患绝症的假象。

> "我是在一个商务活动中认识的他，基本上当时他就是全场的焦点，所有话题也都是围绕着他的。他开始的时候对我很关心，还考虑为我提供一些新的工作机会，所以我确实对他挺上头的。在一起之后，大事小事基本都是由他做主，我也心甘情愿听他的。但我逐渐发现，他开始有意无意地回避跟我一起参加聚

会活动，他会推托说自己身体不舒服，或者有其他事情之类的。但有一次，一个朋友偶然在另一个场合看到他在和其他人热烈交谈。后来我问他原因，他给自己找了各种看似'合理'的理由。从那次起，我就慢慢改变了对他的态度。这个人太可怕了，我要尽快从这段关系中抽离。"

📦 放长线，做铺垫

虽然隐蔽人格特征显著的人更倾向于建立短期关系，但马基雅维利主义者也很擅长做"长期投资"。在亲密关系中，他们可能会将伴侣视为资产或资源，为此他们会精心策划，不惜牺牲伴侣利益使自己受益。在职场中，马基雅维利主义者也擅长战略性铺垫。例如，你可能会听到他称赞一位同事，而你恰好知道这位同事在近期将拿到一大笔奖金或者即将升职。马基雅维利主义者可能正是为了后续跟这位同事有更多合作或交集，才来埋伏笔、做铺垫的。

"最初在一起的时候，我真心觉得他是全心全意爱我的。后来我才知道，他真正的目的是希望我父亲帮助他在事业上更进一步！当然，这并不是一下子就能暴露的，他确实隐藏得很深。契机是一次朋友聚会，他喝多之后口无遮拦，说为了攀上我父亲的关系，很早就注意到了我，然后找机会跟我认识，对我百般呵护，顺利地与我恋爱结婚。他说他这些年一直很痛苦，不断在隐忍，现在终于要熬出头了，而我只是他成功路上的垫脚石。"

情感绑架

马基雅维利主义者可能会利用伴侣对自己的爱、忠诚或同情来操纵对方，以达到自己的目的。他们极会打感情牌，会利用对方的感情来取得对方的原谅，将自己的过失行为和对对方的伤害一笔勾销。

"我真的现在想起来就害怕。我确实很爱他，为了他我可以做任何事。而他就是利用了这一点，让我借职位之便，帮他在财务上做一些'手脚'。一次两次还好，多了我觉得真的过分了，而且一旦出了问题，后果会非常严重，我甚至会丢掉工作。但他却不以为意，反而说我不再爱他了，而且在朋友和家人面前也说我背叛了他。因为我真的很爱他，也认为我们是一个共同体，所以当家人问我到底是怎么回事的时候，我也没做过多的解释。所以你知道吗？很多人到现在依旧以为我才是破坏了关系的人。"

单方面选择"现实之爱"

现实之爱属于一种恋爱风格，通常这类恋爱风格的人选择伴侣的标准是基于共同发展，会看重彼此共同的目标，更像是商业合作。这种恋爱风格本身没有问题，但马基雅维利主义者的现实之爱往往没有得到伴侣的同意，伴侣是不知情的。他们通常有长远的计划和目标，可能会出于战略原因——比如为了获取资源、社会地位或其他利益——而与伴侣保持亲密关系，但实际上他们并不真正关心伴侣。对他们来说，这是一种极为理性的关系，需要用头脑算计而不是用心感受。他们追求恋人并不是出于爱慕，而是因为在评估对方后发现对方有很大的利用价值。

"我承认我是一个极度理性的人，在恋爱中都要计算成本和回报。我会每周做统计，一方面是我纯粹的经济支出，另一方面就是对方为我提供的收益，包括满足我的一些基本需求和为我提供未来的发展机会。在我看来，恋爱和婚姻就是一笔交易，当这笔交易结束后，我会再去寻找其他机会。"

缺乏同理心

马基雅维利主义者很难对他人产生真正的同理心。当情况符合他们的目标时，他们可能会假装感同身受，但实际上他们缺乏真正的情感投入，会给人一种很不真诚的感觉，而这背后体现的正是他们的冷酷无情。

"见过真正皮笑肉不笑的人吗？我前夫就是这样的人。我甚至觉得他可以去做演员。他的开心好像真的很值钱，可以按秒计算。能从他脸上捕获持续3秒以上的笑容我都得谢天谢地了，更别说让他说出一些认可和赞美的话。我的任何付出在他眼里都不值一提。我取到了好成绩，他也只是用一句'嗯，不错，挺好的'来敷衍。哪怕是我把年终奖拿出来，用于我们一起出国旅行，他也还是一脸我欠他钱的样子。"

利用他人弱点

马基雅维利主义者善于发现伴侣的弱点，并会利用伴侣的弱点、软弱或不安全感来维持自己对关系的控制。他们可能会利用这些弱点来对付伴侣，从而占据主导地位。

"他确实长得很帅，至少我们一起出去时，我得经受别的女孩看他的眼神。我觉得长期关系还是要看一个人的内涵，这点我还是有自信的。但他总会说，我长得普通，他跟我在一起是迁就我了。我问他：'那你图我什么？'他就不说话。久而久之，我总觉得很多事情他都没有和我商量。他只是告诉我一个决定，我只能接受。我并没有向他提分手，可能因为我不想失去他？或许我一直就没有什么安全感，但可能我也有一些虚荣心。这挺矛盾的。"

保持情感距离

马基雅维利主义者可能会把情感上的亲密视为潜在的弱点，会在关系中保持情感距离，避免表现出真正的脆弱。他们更愿意通过疏远来保持自己的掌控感，不愿意暴露与分享自己的内心世界。与这样的人交往，往往容易陷入一种缺乏真正的情感连接的假性亲密关系。可能存在亲密的形式，甚至是仪式，但并不涉及具体实质的内容，仿佛有一道墙竖立在两人之间。

"要是在电视里看到他,大家应该都会喜欢他的。但真正跟他生活在一起后,我就不再这么想了。我们结婚3年了,可以说是同居不同床。他从来不会对我表达出多一丁点儿的爱。只要满足了他的需求,他便开始以'距离产生美'来要求我。结婚以后我再没见过他主动地温柔待我。你知道吗?在我看来他就像一只野猫,只有饿的时候才会来找我,吃饱了会立刻离我而去,一点都不犹豫。"

使用奉承和赞美

马基雅维利主义者会把奉承和赞美作为一种操纵工具,来获得伴侣的好感或对伴侣施加影响。他们的赞美可能并不真诚,甚至是别有用心的。

"她喜欢听好听的,我就会多说。她高兴了,我就有更多机会做自己的事。其实只要你嘴甜,好处是多多的。谁会不爱听那些赞美的话呢?哪怕很夸张,听久了她自然就会信以为真的。她比我挣得多,我就夸她有能力,甚至开玩笑说让她包养我。结果就是,我现在很少花自己的钱。我相信一定会有人说我是吃软饭的。但如果光动动嘴就能吃饱，又何乐而不为呢？我的钱可以用在更重要的地方。"

不守信用

一部分马基雅维利主义者在个人信用方面表现得很差。刚认识他们时，并没有什么征兆，而一旦进入稳定的亲密关系后，就会发现他们开始出现一些信用问题，比如借钱不还。无论是亲密伴侣、朋友还是家人，都是马基雅维利主义者利用的对象。

"读书的时候他绝对是个好学生，一直是学生会主席，老师同学都对他赞不绝口。结婚之后，我突然发现他的诚信似乎有问题。最初他以投资的名义，向我借了50万。当时我觉得既然是夫妻，那就没什么可说的，甚至都没让他写欠条。后来这笔钱他再也没提。半年后我随口问问投资情况怎么样，他说还需要再补一些资金，希望我问家人再借一些。我父亲一直很欣赏他，和他关系也比较融洽，就决定借他50万。但这次我要求他写个欠条，毕竟之前那次他还没还。结果，过了3年一直没有下文。我每次问他，他都说还没什么起色，但我们是一家人嘛，我也确实不好催促他。"

📦 背后说闲话，挑拨离间

马基雅维利主义者可以说是人际关系上的高手。他们不但会操纵别人的情绪，更会在背后挑起一些矛盾和事端。在职场中，他们可以游走在领导和同事之间，甚至可以做领导的耳目，传递一些"上级信号"。当然，他们也会故意"谎报军情"，造成集体恐慌。他们也擅长在背后说朋友的闲话，做一些挑拨离间的事情。这一切都是为了达到他们自身的目的。

"这件事说起来挺好笑的。本来我们4个人关系都很好，但突然有一天我听说，大家都在议论我，说我做了很多对不起朋友的事：比如抢了A的评优资格，跟B的男朋友走得很近，又经常跟老师说C的坏话。这下可好，一度要把我推上被网暴的风口浪尖。后来我特意建了一个马甲号（小号）去套一个人的话，结果还真让我发现了问题！一切都是因为她觉得我威胁到她了。我的一个账号的粉丝数超过了她的，我在朋友之间越来越受欢迎，这让她感到紧张，也很失落，于是就想办法尽快把我的口碑搞坏，这样她就心理平衡了。"

警惕煤气灯操纵！识别隐秘而可怕的PUA手段

上述的所有特征，说到底都反映了马基雅维利主义者想要在关系中保持绝对优势的倾向，他们想要通过种种手段来获得绝对的支配感和控制权。

如果你正在与一位马基雅维利主义者交往，刚开始，你们可能还会一起商量做决定，但渐渐地，你的话语权越来越小，你变得越来越不被重视、不被认可，甚至不能有任何怨言……关系中的一方一旦拥有了绝对的支配权，紧随其后的可能便是无止境的操纵。

还记得前面提到的关于煤气灯效应的故事吗？煤气灯操纵正是马基雅维利主义者在亲密关系中的常规操作，也就是我们常说的PUA（Pick-up Artist）[①]。在生活中，如果我们与这样的人相处，也可能会落入他们的圈套。

那么，作为擅长煤气灯操纵的隐蔽人格，他们都是怎么开展操纵的呢？下面，我们先来了解一下自己是否已经不知不觉地被操纵了。

[①] "搭讪艺术家"，原指很会吸引异性、让异性着迷的人，现常用来表示"操控他人""给他人洗脑"的行为。——编者注

你被操纵了吗？看看这 10 个报警信号

注意，你并不需要完全对号入座，这些信号只是帮助你意识到你在关系中可能存在的风险。

1. 你反复地质疑自己：我是不是太敏感了？
2. 你总向伴侣、家人和领导道歉，觉得自己做什么都不对。
3. 你经常考虑自己是不是一个合格的伴侣。
4. 你在给自己买东西的时候，总是会先考虑他／她是否喜欢。
5. 你经常为他／她找借口。
6. 你认为你们的关系其实已经出现了问题，但就是不知道具体原因。
7. 你会因为担心争吵而选择妥协，甚至逃避。
8. 你变得做事很难拿定主意。
9. 伴侣回家之前，你会莫名地焦虑，甚至恐惧。
10. 你觉得跟以前相比，自己好像变了一个人（或许以前更自信、更放松）。

除了以上信号，被操纵还有很多其他表现。拥有隐蔽人格的人擅长利用我们最深的恐惧、最急切的担忧，还有我们内心深处对被理解、被欣赏、被认可以及被爱的渴望。尤其是那些我们挚爱的人和我们尊敬的长辈或领导，我们太容易把他们理想化了，因此在他们面前很难保持清醒和客观。

识别不同类型的操纵者

不能说所有的煤气灯操纵者都是马基雅维利主义者，但马基雅维利主义者一定会表现出操纵的特征。

在亲密关系中，操纵会以很多不同的具体形式出现。有时看起来是明显的关系不对等，有时表现为伴侣双方整日争执不休，有时反而会给人一种浪漫的错觉。在日常生活中，操纵者主要可以分为以下几种类型。

强硬攻击型

这是一种最容易识别的煤气灯操纵者类型。

这类人的特点都比较明显。比如他们经常会通过吼叫、言语攻击、排挤、嫁祸等方式来惩罚伴侣，并且完全不允许伴侣质疑。

只因为没有买到合适的调料，莉莉就被她的先生亚东大吼道："连个东西都买不到，你说你还能干点儿什么？！"这已经不是她第一次受到这样的对待了。亚东只要是感到不满意，就会这样暴跳如雷。莉莉起初还会争论一下，但如今已经放弃了抵抗。因为她希望继续和亚东生活在一起，她认为他们的感情还是很好的，只是她不希望亚东认为她什么事都做不好。她总希望自己之后可以做得更好，证明给亚东看。

其实，仅仅态度强硬并不算是煤气灯操纵。强硬只是一种沟通模式，但亚东在这种强硬的沟通过程中，往往表现出大量的贬低和侮辱行为。

"你这么干，跟你妈有什么区别？"

"真不知道我当初怎么就跟你在一起了！"

"你真的觉得自己没什么问题，对吧？自我感觉特别良好？"

"真是难以相信，你现在怎么成了这副样子？！"

贬低和鄙视在亲密关系中是非常危险的杀手。不仅仅是因为这样的言语或行为会给伴侣造成极大的感情创伤，而且本质上它反映的是两个人在关系中的不对等。而平等是亲密关系维系下去的重要前提之一。

我们还要注意区分一点：伴侣的这种攻击性行为是周期性的，还是诱发性的？如果是周期性的，那就在对方下次规律性地发作之前，做好预期和准备。如果是诱发性的，要仔细复盘自己究竟是说了哪些敏感的字眼，或者做出了哪些行为，才诱发了对方的强硬攻击。

此外，还要注意到，伴侣是否经常威胁你：如果你让他不高兴，他就离开你？如果是的话，这也说明了另一个极为关键的事实：你很担心失去他，你很不希望结束这段关系。

浪漫错觉型

这种类型的操纵者，会给我们一种"摸不透"的感受。他们经常会无缘无故地消失。之前一直好好的，突然就找不到人了。他们对伴侣也会忽冷忽热，就是所谓的"爱你爱到令你沉迷，消失起来令你哭泣"。他们的行为普遍前后反差较大，长期如此可能会让伴侣有一种明显的分裂感。

"你去哪儿了？怎么一直不接电话也不回信息？！"

（他并不解释，只是拿出了一大束鲜花和贵重的礼物。)

"喜不喜欢？这都是特意为你准备的，这个周末咱们好好开心一下吧。"

(此时的她一下子被这个大礼包弄蒙了，而且看着他真挚的眼神，她内心的愤怒和矛盾也顿时消失了。)

"他好像也没做什么对不起我的事，可能只是太忙了，但即便这样他还在想着我。"想到这里，她觉得好像自己之前不开心反而是在无理取闹。

虽然你知道某个环节可能出了问题，但你又很享受那种浪漫的感觉。是的，不少人在如此情境下，都选择了享受当下。实际上，问题根本没有解决。

很多有过类似经历的当事人会觉得，当时仿佛中了魔法一样。尤其是在关系刚开始的阶段，这种魅力简直令人难以自拔。

"他让你认为你是全世界最好的，是唯一能够真正理解他的人。你是如此重要，难以替代。他甚至会对你承诺，会把所有最好的东西都给你，带你去看漂亮的景色，住高级酒店，送你贵重的礼物，只对你敞开心扉——你就是最特殊的那一个。"

确实，对于任何人来说，这都可能是一种极大的吸引力。但在长期关系中，动辄玩消失终究不妥。当有一天你无法忍受对他的担心，无法忽视自己的情绪，甚至开始向他发火的时候，他会拼命道歉，会说他就是害怕失去你，但自己经常会无故失踪也实属没办法，同时会继续通过大量的"找补"行为来满足你。

最终，他会营造出一种更加剧烈的反差感：他之前的行为越糟糕，现在对你的补偿越大，你就会对未来越有期待。甚至每次只要他送你鲜花，你就无法抱怨他的迟到。

正所谓"期望越大，失望越大，他们爱的只是他们自己而已"。

阴阳让步型

这种类型的操纵者在跟伴侣沟通时，并不会表现出明显的强硬态度，他们的语气普遍是不温不火的。

在整个对话过程中，他们只是想证明自己是个好人——"一切都是为了你我才让步的，我要让你感到愧疚"。当然，为此他们也经常会正话反说。即便你在争论中看起来获得了胜利，但你并不会感受到胜利后的喜悦，反而会有一种说不出的别扭，却又找不出问题究竟出在哪里。

"行吧，你赢了。"他淡淡地说道。

"这不是谁赢谁输的问题好吗?!"你争辩说。

"你说了算，没事的。"他继续温和地回复。

"你明显就是不高兴了!"

"我没有不高兴，我理解的。"

之后，你会看到他不断地"摆臭脸"。如果有他人在场，他甚至会表现得很低落，好像受了委屈一样。他仿佛在说："你现在高兴了吧？嗯，你赢了！你做得很好。下次请继续。我依旧会让你赢的。"

他们是懂正话反说的，某种程度上可以用"阴阳人"来形容他们。他们看起来十分通情达理，其实背后的态度很强硬：必须按我的要求来，不然你就要承受我的臭脸，这是你应得的。跟他争辩的话，你会感觉使不上力气。所以对于那些必须争论出个对错输赢的人来说，与这种类型的操纵者沟通会非常痛苦。很显然，这招对他们行不通。

"他会让我产生精神内耗，让我觉得自己真的做得不够好，太欺负他了，一点都没有考虑他的感受。然后会让我感觉到极度内疲，于是开始对自己进行批判。这就是他的目的。"

"他想证明自己是个好人，然后让我感到无力，最终变得麻木。表面看起来他都在依着我，但我就是觉得不对劲，感觉自己真正的需求得不到倾听。最后，所有的事情其实都是依他的意思办了，我甚至都不知道整件事究竟是怎么发生的。我根本没办法抱怨。"

这是一种最难识别，也是最恐怖的煤气灯操纵。

虽然总结了几种不同类型的操纵者，但如果你善于提炼，就不难发现其实他们操纵的基本模式是一样的：坚持要你同意一个你明显不认同的观点。你虽然很不情愿，但为了维持关系，还是照做了，并且最终说服了自己。在你看来，这么做是为了得到对方的认可，从而继续保持一段良好的关系。

如果你意识到在自己的亲密关系中可能出现了这种操纵者，首先不要过度恐慌。你要冷静地评估一下你们的关系质量，然后再进一步明确你们究竟处于操纵的哪个阶段。

煤气灯操纵的三个阶段

▲ **早期：感到有些似乎可以忽略的"不舒服"，但认为或许大家都是这样的。**

还记得之前提到过的首因效应吗？

这里再次强调一下，首因效应可以理解为第一印象。而就制造绝佳的第一印象而言，马基雅维利主义者是行家。

他们很擅长言谈，能说会道，且说的话都显得很有深度。小到修图软件的基本原理，大到职场中的人际关系哲学，甚至是国际形势，你总能听到他们的一些独到见解。同时，他们并不呆板，而是很有幽默感，甚至会开一些适度的玩笑，这无疑会大大提升他们在别人眼中的印象分和魅力值。

"太有意思了！光是听他讲故事就够了。他怎么不去开个播客啊？我一定会在第一时间关注，就算是做付费用户我也非常乐意！"

显然，马基雅维利主义者在早期的印象管理很成功，能顺利取得拥趸的欢心。

但当进入亲密关系之后，你会发现你们好像经常因为某件事到底是谁的错误而争论不休。比如，他总是说你的记性不好，耽误了一些重要的事情，而你则反驳说，你只是因为太忙才疏忽了，他不能仅凭这些就指责你忘性大。你不明白也不理解他为何总是批评你。你甚至觉得很多时候他是在故意地扭曲事实，而你不得不拼命地证明自己并没有那么做。就像电影《让子弹飞》里的经典桥段：胡万和米粉店老板串通一气，硬说六子"吃了两碗粉，只给了一碗的钱"。六子为了证明自己的清白，当众剖开自己的肚子给人看。

不过，整体而言，即便是存在上述那些争论，也并没有真正影响你们的关系。毕竟，在大多数时候，他在你眼中还是那个非常有魅力的人。你从未想过要结束这段关系。即便你偶尔会感到不舒服，你也认为那是正常的亲密伴侣之间在所难免的事情。

▲ 中期："我是不是真的有问题了？"

这个阶段，争论孰是孰非依旧不断地上演。但此时，所谓"胜利的天平"好像已经有所倾斜。

你可能会发现，马基雅维利主义者只讨论他们熟悉或擅长的那些领域。所有展示出来的那些闪光点，都是他们刻意呈现的。换句话说，他们的优点确实存在，不过因为他们太过于擅长展示这些优点，让你产生了一种晕轮效应，或者叫光环效应：看到他有一点是好的，便会觉得他哪里都是好的。更何况，他还不止一个优点。

此时，你们已经建立了较为稳定的关系，你依旧希望维持这段关系。因此，你在跟他相处的过程中，会不断让步、妥协，平等的关系会变得越来越不对等。

"他说什么都是对的，都是合理的。我只能听从，只能接受。我不可以反驳，哪怕是反驳的想法也不能有，因为他都能看出来。我现在甚至有点害怕跟他在一起了。而且他会坚定地告诉我，我确实在什么时候做了一些什么事，那样是不好的。他说得很具体，好像我的一举一动都在他的监控之下，即便我真的不记得自己曾经这么做过。但不可否认的是，我开始越来越重视他的话了。我会越来越怀疑，是不是他说的都是真的，都是对的。"

一旦感受到对方坚定且强硬的态度，你就会容易动摇，然后便开始产生内疚感，因为此时的你太希望被他认可了。这种被认可的需求在这个阶段表现得最为明显。

▲ **后期:"一切都是我的错。"**

从开始的没在意,到试图辩解、要争个输赢,再到自我怀疑,最终到接受、承认,你逐渐内化了操纵者的观点,彻底站在了他的立场上。

这个阶段,你处在极度压抑的状态。即便别人有意识地提醒你,你也可能会自我否认。

"你真的太敏感了,自己不觉得吗?"
"你这样,再也不会有人爱你了。"
"谁能受得了你,你说说?"
"你肯定得孤独终老了。"
……

而长期压抑的结果,便是你的身体开始出现问题。你可能开始出现一些躯体化反应:做噩梦,经常出冷汗、发抖、胸闷,出现肠道和消化问题,等等。你的情感变得麻木,工作时更容易倦怠,甚至会莫名其妙地哭泣。

你很绝望,会把自己往最坏处想。更糟糕的是,你目前的状态已经影响到了你生活的其他领域。原来对你来说轻而易举的事情,现在你都做不了了。身边的朋友、家人和同事都能感受到你的低落。

这是典型的抑郁症状：你感到没有力气了。同时，你的自我价值感、自尊水平都降到了最低点。

当下的你已经很难对自己有清晰的认识了。你认为自己做什么都是不对的，更不应该有任何的疑问，不可以生气，不能对伴侣有任何的"不合理"要求。相反，你需要深刻反思自己：为什么会这样质疑？为什么会有情绪？这都是不应该，也是绝对不被允许的。你已经不是单纯的焦虑，而是因为这段紧张的关系而恐惧。可能你说错一句话就要被骂到狗血淋头，需要写保证书甚至下跪才能证明自己的态度，取得对方的原谅。

此时，可能再多一句打压的话，你整个人就要被彻底击垮了。

你是如何被操纵的？

除了书里提到的煤气灯操纵案例，我们在互联网上或许也已经看过很多相关的故事。人们在谈论煤气灯操纵时，往往更注重分析操纵者的特征和表现，而其实被操纵者的特点同样值得关注。毕竟，无论是在亲密关系中，还是在职场关系等一般的人际关系中，操纵都是在至少两个人的互动中产生的。我会把伴侣当作一个互动单位来整体进行分析。因此，接下来让我们把目光放到被操纵者身上，看看容易被操纵的人通常有哪些特点。

极度在乎某段关系

前面提到，操纵者由于具有典型的隐蔽人格特征，普遍擅长利用首因效应。尤其是在相识之初，那可以说是他们的魅力巅峰阶段。任何人都很难拒绝这样的人，绝不愿失去这样的人，所以会极度重视与他们的关系。而正是这种极度在乎，导致被操纵者要面临"失去做自己"的风险。不断地妥协，不断地顺从，会渐渐侵蚀直至颠覆被操纵者的固有认知。

"我真的不想失去他，为了能留住他，我可以做任何事。而且他也并没有多么为难我，只是我们有些观点不一致。但我是完全可以理解他的，他说得有道理，后来我就明白了。一直都是我错怪了他，在拿我有限的认知去错误地解读他。我不应该这样。"

总是试图自证清白

关系初期，被操纵者在被不公正对待或者被误解时，普遍急于证明自己并没有那么做，试图通过自证的方式反驳操纵者。其实这已经陷入了操纵者的逻辑圈套。即便被操纵者成功地自证清白，操纵者也根本不会在意这个结果。他们只是希望看到对方为了自证清白而手忙脚乱。前面提到的"六子到底吃了几碗粉"的例子就是很好的说明。

🎁 拥有强烈的归属和爱的需要

在本书的第一章就提到：我们需要亲密关系，本质上是人类对于归属和爱的需要。

而归属和爱的需要中就包括了我们被认可、被理解、被欣赏以及被爱的附属需要。这是人一生都在追求的需要，但很难被永久性满足。

也正是这种对归属和爱的极度渴望，使得被操纵者更容易纵容操纵者的那些行为。比如，双方会处在一种极度不平等的关系中，被操纵者会主动说服自己，不断告诉自己，这就是自己想要的亲密关系，良好的关系就应该是这样的，而对方是出于对自己的信任，才会提出严格要求，考验自己的。被操纵者甚至会主动要求被对方控制，因为只有处在被控制的关系中，他们才觉得自己是被接纳和被包裹的。

🎁 害怕被抛弃，害怕孤独

这个特质源于我们小时候的经历。我们的安全感普遍在3岁左右建立，之后不断趋于稳定，形成我们最初的依恋模式，比如安全型、回避型等等。而形成哪种依恋类型取决于我们的父母或者第一养育人是否给我们提供了足够的爱。如果我们小时候得到的关爱是不充分的，甚至经常和父母分离，那我们成年后的恋爱倾向就可能受到影响。

比如，焦虑型依恋属于一种典型的不安全型依恋，这种依恋类型的人会非常在意伴侣的反应，担心会随时失去伴侣，甚至会过度解读伴侣的一些表情和行为。而操纵者如果意识到了这些，就会更容易在互动中做出操纵行为。

当然，依恋风格并非一成不变的，但它的改变也不是一蹴而就的，需要我们的另一半伸出援手。

此外，形成独立人格是当下社会对所有人的要求。不管是男性还是女性，未来要真正适应社会，都要学会一个人思考，一个人做事。有人一起可以做得更好，但一个人也应该应付得来。如果抱着这样的信念，那么我们受到操纵的概率会大大降低。

🎁 认为自己的人生必须是完美的

每个人都有梦想，而拥有完美的人生或许就是我们的终极梦想。这是一种不允许不好、必须一帆风顺的信念,一种对于"我的亲密关系必须是完美的、幸福的"的执念。

渴望完美实际上就是一种不合理的信念:我不可以不顺利,我的未来必须是一帆风顺的,我的亲密关系必须是完美的。一旦这些信念受到冲击,容易被操纵的人就会处于极度恐慌之中。此时如果操纵者承诺可以提供一种完美的关系,那他们便可能会听之任之,更容易被掌控。

这里并不是要大家去主动体验挫折,而是希望当我们的观念受到冲击时,或者我们走出困境之后,我们能更有韧性,能更加理性地看待"我的人生必须是完美的"或者"什么叫作完美的人生"。

拥有不合理认知

著名心理学家阿尔伯特·艾利斯提出了人们普遍存在的不合理认知的三大特征:糟糕至极、绝对化要求、过度概化。

其中,糟糕至极是指以最坏的打算来预测一件事的结果。比如,"完蛋了,我又把盘子打碎了,我先生一定会说我就是粗心大意的人,我老板也一定会说我做事不谨慎,以后再也不会交给我重要的任务了"。

绝对化要求是以自己的意愿为出发点,认为某事必定发生或不发生，也是沟通中非常具有伤害性的一种贬低性行为。比如，"老板交给我的任务，我绝对不能有半点失误！""他对我这么好，我绝不能让他失望"。

过度概化是一种将事实夸大的思考模式，它倾向于过分放大某一事件的影响，认为它会对所有领域产生深远影响。过度概化最典型的表现就是以偏概全。比如，"就凭这一点，我感觉之后我什么事都做不好！""如果我连这件事都做不好，那我真的是一文不值"。

努力打造完美人设

我们从小被要求做一个听话的好学生，长大后便形成了对完美人设的执念，想做一个好伴侣、好员工、好父母。

我们的成就感源自各种正面反馈：大大小小的计划如期完成，得到老师、家长和老板的表扬……只有始终让自己的成绩排名靠前，我们才有安全感，才有自信和底气，但与此同时，我们总是担心会随时失去这一切，为此惶恐不安。被操纵者担心无法把每件事做到符合自己的标准。

"事情做不完怎么办？"

"事情做不好怎么办？"

"别人不喜欢我怎么办？"

走出校园，进入职场和家庭之后，这些固有思维依旧会影响着人们，促使人们去迎合他人的需求。这便为他们受到操控埋下了伏笔。

"我一定要做一个让老板喜欢的人。"
"我要努力，让我的伴侣认可我的一切。"
"如果我做不好这个工作，他一定会不高兴的。"
"我必须竭尽全力地、完美地完成我的角色，这样才能体现出我的价值。"

将操纵者理想化

在被操纵者眼中，对方是一生至爱，或者是绝对值得钦佩的领导。

"我爱他，能包容他的一切。"
"我们曾经那么美好，未来他依旧也会对我那么好。"
"我的老板说什么都是对的，因为他的经验太丰富了。"

"即便他犯过错误，那也只是一些微不足道的小插曲罢了，是完全可以理解的，毕竟他是那么完美。"

"他一定可以改变，我相信他。"

不难看出，被操纵者会存在认知、情绪、需要、动机和期待方面的问题。这些其实都可以通过心理咨询的方式来解决。即便不会很快见效，但只要你坚持去改变，一定会有理想的结果。

关掉煤气，摆脱操纵者

现在，相信你应该对自己在关系中所处的状态有所了解了。

如果你正处于一段被操纵的关系中，那接下来的一些建议或许可以实实在在地帮到你。当然，如果你身边有被操纵的朋友和家人，也欢迎你把这部分内容推荐给他们。

❀ 识别操纵者类型，保护好自己

如果你意识到对方确实符合前文中对于操纵者的一些描述，首先你要保持冷静，这是非常重要的。因为一旦你的行为变了，操纵者很快便会察觉到你的反常。而当他开始质问你原因的时候，你大概率会"和盘托出"。这会导致你陷入更深层次的操纵，甚至有可能诱发他的暴力行为。

所以，先保持冷静，留心观察。一定不要跟对方争吵，或者说，你要主动回避争论。尤其是如果你处于操纵的中后期阶段，此时去争论谁对谁错已经没有太大的意义。不要去争论你确信的事实。你知道事情的真相是什么，这就足够了。

❀ 切勿继续自我贬低

有很多被操纵者还对伴侣抱有不切实际的期望，在受伤的时候希望寻求伴侣的安慰，但这样只会让对方变本加厉。

"我知道我做得不够好，但是你还是爱我的，对吗？"

"对不起，我没想那么做，请你不要生气了。"

同时，一定不要再次把自己置于危险的情境中。一旦你担心对方会继续伤害你，结果大概率你就会重蹈覆辙。

"你别再生气了，好不好？你发脾气，我真的好害怕。"

❀ 不要奢望改变操纵者

很多被操纵者会产生一些不必要的同情心，希望可以通过自己的努力，去改变操纵者。当然，被操纵者的最终目的还是维持他们的关系。

这样的情况并不在少数。但我们要意识到，在任何人际关系中，改变他人都是一种不切实际的奢望。并不是说他人不可能改变，只是这不取决于我们这一方。

我们只能做到改变自己，而改变自己的前提是我们有这个意愿。

❀ 学会直接关掉煤气

如果你正处在关系的初期，刚刚察觉到对方存在一些操纵现象，可以尝试着在沟通时把"煤气"关掉。

"你之前答应帮我取回干洗的衣服，但你没做到，那我明天出差穿什么呢？"

"不好意思，我迟到了5分钟，干洗店已经关门了。"

"这不是第一次了吧？每次你都迟到。"

"我确实经常迟到，但绝不是针对你。"

"你就是故意不想让我出差！是不是见不得我好？"

"这件事确实是我的问题，我正在想办法去弥补，我现在就去给你买一套新的怎么样？但如果你说我就是不希望你去工作，见不得你好，我绝对不同意。我们必须就事论事，但如果你一定要这么想，不好意思，我也有我的态度。我们可以保留各自的意见。"

上述回答平和且坚定地表达了自己的观点。这种清醒的自我认知和自我意识明显已经超越了需要得到操纵者认可的范畴。我们要显示出自己有足够的能力去停止争论，同时消除对方继续操纵的可能。

❦ 必须有坚定的想法

这一点非常非常关键！

你到底希望如何与操纵者继续相处？是继续维持这段不平等的关系，还是坚定跟对方进行切割？究竟是去还是留，你必须想清楚。

如果你一直犹豫不决，也是可以理解的，毕竟很多长期关系背后牵扯的问题太过复杂。下面的一些办法可以帮你权衡利弊，最终做出决策。

对未来进行评估

关于亲密关系，有一种理论叫相互依赖理论，也叫社会交换理论。该理论认为，我们都在寻求以最小代价来获取能提供最大奖赏价值的人际交往。因此，我们只会与那些能够提供足够多的利益的伴侣维持亲密关系。

这看起来有点现实，但该理论历久不衰，或许也能说明一些问题。

这里提供一个最简单的公式：结果＝奖赏－代价。奖赏和代价顾名思义，结果则是综合得到的净收益或净损失。

显然，如果某种人际交往的奖赏大于代价，就会得到正值的结果。这是权衡利弊最简单的方法：只要你把所有奖赏和代价统计好，进行加减即可。

尝试寻求伴侣咨询

伴侣咨询是心理咨询的一种形式，也是家庭咨询中常见的一种。

伴侣双方都要前来与咨询师交谈。在西方，许多进入婚姻之前的准新人都会主动去做婚姻咨询。而我国在这方面发展得较慢，且与西方存在一些文化差异，目前仍存在一些对婚姻咨询的刻板印象。尤其是男性，他们普遍较为抵触心理咨询，更不要说跟伴侣一起参与了。

实际上，伴侣咨询对亲密关系有很多显而易见的帮助。

首先，任何一方单独咨询，表达的立场和内容都具有明显的主观色彩。而如果双方同时在咨询室，很多问题就会暴露得比较真实客观。如果前期妻子一个人先来咨询，然后是丈夫单独前往，最后才是两人一起来咨询，那么对于同样的一件事，咨询师听到的可能是三个完全不同的版本。

其次，双方共同前来可以暴露更多的问题。咨询师可以在咨询期间向伴侣双方单独提问，或者同时提问，以此来观察伴侣之间的互动模式。这些都是单独一方进行咨询不可能实现的。双方共同进行咨询，对于完善伴侣之间长期的互动模式极有好处。

咨询师会建议来访者在未来关系发展中做出必要的改变。如果一方前来咨询，那么改变也就只有一方进行。另一方可能并不配合，这样无益于关系的改善。而如果是两人一起参与，那就可以共同改进，彼此互相监督。

虽然依旧面临很多困难，也存在各地区的发展性差异等问题，但当前心理咨询已经越来越被大众接受，相信未来伴侣咨询也将成为越来越多的人的选择。

主动扩大自己的社交范围

在进入长期的亲密关系后，很多人会主动缩小自己的社交圈。而一旦失去日常的社交，不但自身基本的沟通能力会受到损害，看待事物的角度也会更加受限，同时更难以接受新鲜事物，对个人的长期发展十分不利。

尤其很多被操纵者的固有认知就是希望在自己的小家里稳定地生活，于是他们会忽视社交对个人成长的重要作用，最终由于"圈子太小，见得太少"而在精神层面受到操纵者的进一步剥削。

所以，尽可能地扩展一下自己的社交范围，多去结识一些新朋友吧！

构建属于自己的社会支持系统

如果担心自己进行评估不够全面，不妨寻求我们的社会支持系统来帮忙。

社会支持指的是我们可以获得的，来自他人和社会各方的心理上的、物质上的支持和帮助。已有研究发现，良好的社会支持可以帮助我们提升身心健康，同时增加我们的幸福感。而社会支持系统则包括近端和远端两个层面。

比如我们的家人、朋友甚至家中的宠物属于近端的社会支持系统。当我们受到各种困扰的时候，可以寻求他们的情感支持。不要小看家人的作用。当你真正遇到危机和困难的时候，家一定是你可以依靠的安全港湾。请好好珍惜自己的家人。

远端的社会支持系统包括我们生活的社区（街道居委会）、我们的学校（辅导员和心理咨询中心）、工作单位（工会部门）以及一些第三方人士（心理咨询师和社会工作者）。不同层级的机构都可以为我们提供实质性的帮助。因此，请主动构建自己的社会支持系统。

不要过度解读

虽然我用了大量的篇幅来描述操纵者的种种恶劣行为，但作为有独立思考能力的个体，我们要始终保持一定的冷静与理性，不要牵强地把别人对号入座。

任何事都不要太过极端。除了了解操纵者的种种表现，更要感受自己是被如何对待的，自己的真实感受究竟是什么。在此基础上，再问问自己身边的朋友和家人，也就是上面提到的社会支持系统，听听他们是否认可你的判断。

以上方法或许可以帮助你更好地认识当前的处境，也会让你更加坚定、更有力量地继续往前走。因此，请务必保持独立性，有自己的认知和判断，并坚定地付诸行动！

八

暴力型人格——精神病态

你见过冷血杀手吗，人狠话不多的那种？如果现实中没见过，电影里总看过吧？

当男主角冒着生命危险，不顾一切去营救女主角的时候，他对敌人是那么凶狠，对女主角又是那么温柔，女主角很难不动心。

《007》系列电影已经成为经久不衰的超级大IP（知识产权产品），那么电影中的男主角詹姆斯·邦德是依靠什么特质征服观众的呢？

他面庞帅气，发型一丝不苟，永远穿着一身笔挺合身且剪裁完美的西装；他性格内敛，但又极具男子气概，深处险境却能保持从容优雅；他自信从容，在战斗中总能轻而易举地战胜敌人，体现了绝对的支配性与统治力。

虽然我们要承认，影片为了塑造人物，存在较大的夸张成分，但在现实生活中，表现出类似特征的人，同样会散发出特有的吸引力。尤其是在刚接触到这类人的时候，这种致命吸引力可以让你神魂颠倒。因为他将冷血、残酷和暴力都指向了他人，只把温柔留给了你。

然而慢慢地，随着你们关系的深入，你可能会发现，他渐渐对你失去了耐心，之前对你独有的温柔好像也消失不见了，他开始变得暴躁易怒，对你的生活漠不关心，甚至还会对你大打出手……

同操纵型人格的马基雅维利主义类似，这类具有亚临床特征的人格特质叫作精神病态，最初用来形容一种以反社会心理和行为为特征的人格障碍，主要应用于临床和变态心理学领域，在罪犯和精神病人身上非常常见。

不过，加拿大犯罪心理学家罗伯特·黑尔认为，只聚焦在临床和司法领域还是太局限了，是对精神病态群体的一种刻板印象。在他看来，精神病态更像是一种人格特质，在普通人的生活中并不少见，只是人们表现的程度不同。由此，精神病态成为人格心理学的研究对象。

精神病态者一般表现为：行事冲动、喜欢寻求刺激、缺乏共情能力、缺乏责任感等等。

而冲动性是精神病态最为典型也是最为表象的特征，比如沉不住气、一点就着，甚至采用暴力手段解决问题。冲动性可以说是精神病态的根。

精神病态者有怎样的特点？

基于国内外学者和我自己近十年的实证研究，我总结出了亚临床精神病态者的一些典型特征。

行事冲动，有攻击性

冲动是精神病态者最典型的表现。

在亲密关系中，精神病态者普遍处在"易激惹"状态。在他人听来很寻常的一句话，在他们听来可能就是一种挑衅。任何看似轻微的刺激，都可能引爆他们的情绪。他们可能会从言语上或行为上宣泄出来。并且他们的行为会指向特定的对象，如果不便直接发作在伴侣身上，他们会选择对第三方甚至物品进行发泄。此外，在受到威胁或感到自己的主导地位受到挑战时，精神病态者会表现出冲动性的攻击行为。尤其是在亲密关系中，他们会突然爆发，给伴侣造成身心创伤。

"现在想起来我还后怕。那天我不小心说了一句话，大意是说他现在的状态不好可能是因为家里的一些原因，因为他爸爸之前一直对他要求挺苛刻的。不知道为什么他突然就急了，左手掐住我的脖子不放，右手指着我的头，警告我不要再乱说话，否则就要掐死我！我当时真的吓傻了，浑身哆嗦。整个过程大概持续了几秒钟，具体我记不清了。后来他也感觉自己有点失态，慢慢松开了手。我到现在也不知道究竟他为什么会突然变得像魔鬼一样。好像我一下就点着了他的火，真的太可怕了。听说他在单位有时候也会这样攻击同事，别人说他一句就能让他当即爆发。"

寻求刺激

寻求刺激这个概念本质上是个中性词。

从积极角度看，寻求刺激的人是不甘平凡的，他们喜欢接受挑战，面对困难不退缩回避，而是会迎难而上；而从消极角度来看，这样的人耐不住寂寞、不踏实，甚至会做出很多越轨或者出格的行为，比如抢劫等。对他们而言，只有做的事足够刺激，才能意识到自己是存在的，是有价值的。极端情况下，他们甚至会虐待小动物来取乐。

"他只要开车，必超速，而且每次都是火急火燎的，好像特别赶时间，我坐他旁边都害怕。我劝他开慢点，他说这速度一点不快，他就喜欢竞速带来的那种肾上腺素飙升的感觉。刚开始在一起的时候，我觉得他这点挺酷的，现在我越来越受不了了。可能是因为我年纪大了？而且，他明知现在酒驾查得严，有时候喝完酒还开车，都快40岁的人了，还那么疯狂。"

共情缺陷

精神病态者的另一个典型特征是缺乏基本的同理心。或者说，他们在理解他人情感这方面的能力很有限。因此，他们可能经常会无视伴侣的感受，无法领会伴侣表达的情感，甚至会轻视伴侣的担忧。

"跟他商量其他事情都没问题，但只要一提到我最近因为什么事情不开心或者情感方面的内容，他就会转移话题，甚至根本就不理我了！尤其是线上沟通的时候，我发现他很少能听进去我说的话，甚至不愿意听。偶尔情绪好的时候，他会敷衍地回复我几句，拍拍我，但多数时间他对我的态度都是漠不关心。我有时候抱怨几句，他就显得特别不耐烦。很多时候我的表情都已经很明显了，但他就是能做到视而不见。我现在算是信了那句话：只要他自己不尴尬，那尴尬的就是我。"

对于精神病态者的共情缺陷问题，当前心理学与精神病学领域也存在另一种声音。不少学者，包括我本人，通过研究发现，亚临床精神病态者并不是不能共情，而是不愿意去共情。

斯坦福大学的研究人员曾做过一项试验，研究了35对结婚一年以上的夫妇。研究人员请这些夫妻共同观看有关不同主题的各种视频，同时使用功能性MRI（磁共振成像）扫描观察参与者的大脑。在伴侣共同参与的共情任务（一起观看影片）中，伴侣双方的大脑出现了同步活动信号。这意味着共情任务更有可能同时激活伴侣双方大脑的相同脑区。而相同区域越多，他们的婚姻满意度就越高。

我的研究团队在2022年7月开展过一项与之相关的研究。该研究涉及520名已婚夫妻。在控制了年龄、学历、职业以及收入等变量后，我们发现精神病态人格与共情能力并无显著关联，而与共情倾向存在负向关联。同时，精神病态人格存在显著的性别差异，丈夫得分显著高于妻子。在共情倾向方面，妻子显著高于丈夫；而在共情能力方面，并未发现显著的性别差异。

以上结果佐证了精神病态人格存在显著的性别差异，男性显著高于女性。同时，精神病态个体的低水平共情主要体现在其共情倾向方面。也就是说，精神病态者是具备基本共情能力的，只是缺乏与伴侣共情的意愿。在他们看来，或许共情是一种"费力不讨好"的行为，会消耗很多精力。精神病态者更愿意把资源用在能带来更多回报的地方，在这点上他们类似于马基雅维利主义者。

共情能力是相对稳定的，而共情意愿是可以通过后天的人为干预来增强的。因此，或许我们可以引导对方、帮助对方增强共情意愿，来增进我们的亲密关系。

追求"游戏之爱"

游戏之爱属于一种恋爱风格。倾向于这种风格的人，普遍视爱情为一场游戏，他们并不会投入真正的情感，重视的是过程而并非结果。这正好与精神病态者们追求感官刺激和新鲜体验的特质相契合。相比持续而稳定地付出情感，他们更在乎短期关系能给自己带来的好处，比如满足自身的支配感和虚荣心。同时，在这段关系中，精神病态者必须让自己得到极致的体验，包括身体和精神两个层面。身体方面，他们会注重自己强大的性吸引力,期待对方有很明显的身体依赖,尤其是那种对男子气概的依赖,甚至是性依赖。精神方面,他们极度追求掌控关系,对伴侣要有绝对的精神控制。

"恋爱对我来说就是一场比赛,而这场比赛的结果只有一个,就是我获得胜利。不只是胜利,还得是毫无悬念,大获全胜。哪怕最初是我追的她,最终的结果也一定是她离不开我。虽然我也曾经历过失败,也被别人甩过,但我一定要重新去追求她,在得手之后,我会狠狠地把她甩掉!就像我刚才说的,我必须大获全胜,一定要做那个赢家。看到她痛苦的样子,我很满足。她活该,因为她惹错人了。"

◆ 对伴侣不忠

有研究证实,精神病态者在亲密关系中最可能对伴侣不忠。首要原因是,他们是短期择偶策略的绝对拥护者。在确定关系后,他们并不会安于现状,稳定和秩序感对他们来说意味着乏味,更是不现实的。他们会把更多的目光放到其他目标身上。有学者甚至用"情感捕猎手"来形容他们。他们可能会同时和不同的人交往,而且并不会为此感到内疚,也不会考虑伴侣的情绪，因为他们确信自己对伴侣的吸引力始终是足够的。

"我之前一直知道他有两个手机，但万万没想到，他竟然有12个QQ号！有一次他忘记切换账号了，我看到他电脑和手机分别登录过好几个账号，在跟不同的人聊天。具体内容我不想说了，他竟然还虚构了不同的身份，甚至还用不同的昵称，我当时真的想吐！而且他丝毫不知悔改，跟我说只有对我是足够好的，是认真的，跟其他人都只是玩玩而已。我当时真不知道该怎么办了，电视剧都没这么离谱吧！"

精神病态者即使对当前的亲密关系感到满意，也可能会做出不忠的行为。这反映了快速生命策略下的繁殖驱动力。他们会优先考虑抓住更多的交配机会，也更有可能追求那些跟自己原配伴侣没有做过的性活动，同时又能自如地维系亲密关系。不忠的模式有很多种，他们可能是一时兴起来一场艳遇，也可能会将艳遇对象发展为长期伴侣。无论何种情况，他们往往都不会考虑与原配伴侣分手。

值得注意的是，不只是男性会不忠和欺骗，精神病态特质水平高的女性，也存在明显的不忠行为。因此我们不要把类似行为都归因于性别差异，而是要更多地考虑其背后的人格特征。

📦 操纵伴侣

精神病态者通常会通过操纵行为来控制和支配伴侣。他们一开始可能会展现自身的人格魅力来吸引伴侣。一旦成功进入一段亲密关系，他们就会操纵伴侣的情感和认知，来达到自己的目的。这与马基雅维利主义者的操纵行为是类似的，只是马基雅维利主义者的操纵相对不容易察觉，而精神病态者的操纵比较直接粗暴，严重的话会表现为情感与心理虐待。

> "刚恋爱的时候，他给我的感觉就是非常绅士，时时刻刻为我着想。但在一起一年之后，我开始发现他总喜欢管着我，必须让我按照他的要求来。比如我今天穿什么，怎么打扮，都要经过他的审查，他批准了我才可以出门。他说我是他的女人，就要听他的。"

📦 贬低和威胁伴侣

在亲密关系中，精神病态者经常会贬低伴侣的价值，认为伴侣当下所拥有的一切都是因为自己。如果离开了自己，他们将一文不值。他们甚至会物化伴侣，将伴侣视为用来满足自己需求的物品，同时会威胁伴侣，倘若不听话，自己就会将其抛弃。

精神病态者进入长期的亲密关系后，会迅速对伴侣失去兴趣，同时逐渐失去耐心。他们会全方位地贬低伴侣的价值，打压伴侣，最终抛弃伴侣或同时开展另一段关系。

"结婚后，我看个综艺他都要挑毛病。他说我看的东西低级、没营养，说我审美差，说我已经不再是当年的我了。他还暗示我，让我觉得自己跟他的差距越来越大，仿佛一旦离开他，我就没法独自生活了。后来我身边的人也看不下去了，都说他不该这么打压我，说我脾气真好，竟然忍得了他。但他还不以为意，一点都不内疚，甚至还用离婚来威胁我。"

缺乏自控能力

精神病态者的自控力非常有限。他们在面对诱惑和刺激时，几乎可以说是毫无抵抗力。同时，他们会更倾向于选择即时满足，对于那些需要积累和耐心的任务不感兴趣。而他们为了"捕获猎物"而展现出的魅力，是他们为数不多的短期优势。

"我唯一会花心思经营的就是自己的外在形象，每天都会坚持在健身房锻炼。我知道这笔投资是非常重要且划算的。因为只要我的身材够好，我就可以赢得一大票女生的芳心，而我就可以从中挑选最好的。事实也的确是这样。"

"我当时确实是被他的外形吸引了，但长期关系真的不能光看脸和身材。结婚以后他变得异常懒惰，几乎什么家务都不做。我还不能说他，他每次都是有理的，而且自我感觉极好，我真不知道他的自信是哪里来的。他的房间乱得我根本不想进去，索性我就和他分开睡了。用四肢发达、头脑简单来描述他，我觉得再合适不过了。"

🧊 推卸责任

研究发现，精神病态者的责任心普遍偏低。当冲突发生时，他们通常会把责任推给伴侣或其他人，拒绝为自己的行为负责。他们并不会为自己的行为找诸多借口，进行解释。相反，他们压根不去主动解释，因为他们认为自己在关系中是处在最高位置的，会表现出一副"这件事就是与我无关"的样子,甚至就算是做错了,自己也不需要为此解释。长期来看,这种行为会严重毒害伴侣关系,让伴侣觉得自己总是在犯错,即便不是自己的错,自己也要去收拾那个烂摊子。

"甩锅可真是他最擅长的了。家里没电了,他就会指责我为什么不及时充电费。难道只有我在用电吗?我白天工作,晚上才回来,他可是天天在家躺平。他还理直气壮地去怪我?还敢命令我?谁给他的自信?"

🧱 恐吓伴侣

在亲密关系中,精神病态者可能会使用恐吓、威胁或肢体暴力等方式来维持他们的绝对支配权,并向伴侣灌输恐惧感,让伴侣屈服。

恐吓普遍表现在言语和精神方面。典型的言语恐吓一般符合"如果……那么……"句式,比如"如果你再穿成这样,那就别出门了"。言语恐吓持续升级就会给伴侣造成精神上的紧张和焦虑。哪怕事情还没有发生,伴侣也会开始感到恐惧。

严重时,言语恐吓还会升级成肢体暴力。

"每次我出门之前,他都要严格过问、审查我的穿着,但凡有一点不满意,都让我回屋换。在外面,别人只要多看我一眼,他就会怪我穿得太暴露,甚至会说是我主动勾引别人,让别人看我。有时候他表面上若无其事,然而一回到家就爆发出来,甚至还会动手打我。"

精神病态者会通过肢体暴力和言语威胁相结合的方式来警告或打压伴侣,前文提到的"一手掐住脖子,一手指着对方并警告"就属于这种方式。这实际上已经上升为亲密关系暴力,或者家庭暴力。

当然,亚临床精神病态者的严重程度并不能达到临床诊断或司法领域的标准,我们也并不能断言所有的施暴者都是精神病态。然而,研究确实发现,与普通人相比,实施亲密关系暴力的人具有精神病态特质的比例更高。

因此,接下来我们会重点讨论亲密关系暴力。

说"我爱你"的人,也可能会说"我揍你"

如果一个人拥有积极健康的人格特质,那么他往往能够经营出理想的亲密关系。比如，责任心强的人，在亲密关系中普遍会更乐于付出，而且不计较得失。因此，他们的亲密关系满意度普遍比较高。而从长期发展来看，积极且令人满意的亲密关系可以完善双方的人格。比如那些情绪不够稳定的人，如果遇到了更加包容且能够提供足够安全感的伴侣，那未来他/她会对这段关系更有信心，他/她的情绪也会越来越稳定。这就是我所强调的"人格与关系的双向滋养"。

但反过来，如果伴侣一方的人格存在一定的"病态"症状，或者说他们的隐蔽人格在关系中表现得越来越明显，那么，不管是长期的还是短期的亲密关系，都会受到极大的挑战，关系解离的速度也会加快。如果你意识到了伴侣的一些"病态"特征，比如觉察到精神病态者的恐吓、威胁以及攻击行为，并能下定决心离开对方，这其实都不算晚，甚至你还要为此感到庆幸。很多人处在有毒的亲密关系中，即便意识到了问题的严重性，也发现自己已经很难抽身了。

所以，我的观点以及一个非常坚持的态度就是：对于亲密关系暴力，预防永远大于干预。

对于"家庭暴力"，心理学中有一个专门的术语来形容它，即亲密关系暴力。其实，暴力并不一定发生在家庭内部。哪怕是还没有进入婚姻阶段的情侣，只要建立了亲密关系，也同样可能遭受到对方暴力行为的伤害。因此，"亲密关系暴力"的适用范围更广，可以用来描述在现有或者过去的亲密关系中，所有涉及肢体暴力、言语暴力、精神暴力以及性暴力的行为。

根据我的研究与咨询个案，亲密关系暴力是直接破坏婚姻的致命伤，由于不堪暴力行为而直接向法院申请解除婚姻关系的夫妻越来越多。而上文描述的精神病态者的特征，几乎都可以和亲密关系暴力联系起来。任何口角都可能会直接诱发精神病态个体的冲动和暴力行为。由于共情水平较低，他们在施暴之后也难以感到愧疚和悔恨。

这也间接验证了学者们的观点，即精神病态是所有隐蔽人格中危害最大的。

我们来看一个故事。

小松在学生时期就是学校出了名的"坏小子"，他带领同学打架，经常顶撞老师，违反多项校规校纪。不过，他的学习成绩并不算太差，甚至有的科目成绩极为出色。尤其是体育方面，他包揽了三年的市级1500米和400米冠军，市区游泳比赛的几项纪录也是他创造的。所以老师们对这位"校园恶霸"

可以说是又爱又恨。

小徐是那种受严格的家教成长起来的女生，样貌出众，学习成绩也不错。她跟小松在一个班级，但平时两人的交集并不太多。在一次男女混双羽毛球比赛中，两人被指定为搭档。课后训练的时候，小松精湛的球技让小徐眼前一亮，她对他产生了一些崇拜。两个人的距离因此近了一步。

初赛阶段比较顺利，他俩仅仅凭借小松的绝对得分能力和超强跑动就晋级了。但半决赛时的对手是上一届混双冠军，小徐很要强，不希望自己拖累小松，因此两人决定私下多多练习。

加练时，小松帮小徐纠正了发力方式和跑动策略上的技术细节，并且在整个训练和比赛过程中散发出了男子气概。他帮助小徐救危险球，扯掉上衣庆祝胜利，这一幕幕都让小徐的内心产生了强烈的波动。

"他确实很有魅力，能力很强，而且他真的和别人不太一样，很有个性，有点痞气，又知道自己在做什么。"

但因为学业和小徐的家庭因素，他们当时并没有恋爱，后来也没怎么联系。反而是过了很多年，两个人都开始工作之后，走得更近了。

小松发挥了自己在体育方面的特长，开了一家健身房。而小徐则在事业单位上班，过着相对稳定的生活。

小徐的择偶标准比较高，几乎没谈过合适的对象。而小松在这些年，几乎没有空窗期。两人在同学聚会上再次见面，谈及过去的学生时代，两人都感慨万千。

在两人眼里，对方依旧没怎么变。他还是那个耀眼的、痞帅的他，而她也还是那个追求安稳，却又渴望一些刺激的她。好像这些年里，不论经历了什么，两人都一直把对方放在了心底。

两个人心意相通，又是老同学，知根知底，家里人就没反对。于是，两人很快就结婚了。

但婚后，在大家都以为两人过着美满的生活时，小徐却打算离婚了。原因很简单：家暴。小松是个绝对的大男子主义者，要求小徐一切都听他的。在他眼里，小徐是他的人，是归属于他的。所以，在他看来，他说什么，小徐都要照做。如果不按他的想法来，那么，他就会用暴力使她屈服。并且在持续的亲密关系暴力中，小松丝毫没有感到愧疚，也并未觉得自己的行为是出格的，甚至是违法的。

起初，小徐为了维系婚姻，也为了不让身边的人担心，一直在隐忍，但后来父母发现了她身上的伤痕。最终，小徐在家人和心理咨询师的帮助和鼓励下，勇敢地选择了离婚。

这是个典型的精神病态特质导致的亲密关系暴力的事件。小松最终被诊断为反社会人格障碍以及双相情感障碍。而小徐一直和父母生活在一起，暂时没有再婚的打算。

如何识别施暴迹象？

如果你还没有进入一段亲密关系，却已经开始担心未来会遇到具有精神病态特质的人，那么你需要认真阅读接下来的内容，并尽可能去执行。

我们需要充分了解亲密关系暴力的一些基本征兆。这些线索并非无迹可寻，而是可以察觉的。

❀ 了解对方的过去

在正式确认关系之前，了解一下对方的过去是非常有必要的。你越早去了解对方，就能够越主动。

这里说的主动，并不是指在关系中占据主导地位，而是当摸清楚情况之后，可以主动做出"去或留"的选择。因为此时即便选择离开也不需要考虑太多沉没成本，会相对容易很多。

我们需要从下面几个维度来了解对方的过去：

首先是对方的原生家庭。早在几十年前，教育心理学家艾尔伯特·班杜拉提出的社会学习理论就已经证实，我们的第一任老师就是自己的父母，我们会通过模仿父母的行为来适应社会。所以，父母的言行在很大程度上会影响孩子未来的发展走向。

很多施暴者的家长，本身就具有很强的攻击性。因此，要了解对方，最好的方式是到对方家里做客。虽然对方父母和亲戚一定会表现得十分客气，戴好相应的人格面具，但这其实是最接近真实情况的场景，我们可以置身事内，观察、感受对方家人之间的互动模式，尤其是可以尽早识别一些危险的情绪与行为信号，比如对方家长可能在说到某些敏感话题时，不自觉地就表现出了嘲讽、挖苦或贬低。

除了家庭，对方的生活环境，尤其是他的朋友圈，也是需要留心关注的。很多精神病态者在家里表现得很好，父母都挑不出毛病，但一旦离开家庭，和朋友一起相处时，他们的精神病态特征就会被放大。一方面是因为他们的隐蔽人格在压抑太久后，一定要找到合适的环境去释放，而朋友正是最合适的选择之一。朋友之间的相处相对自由自在，大家并不会把这些表现当回事。另一方面是因为，朋友普遍是同龄人，彼此更有可能有相同的兴趣爱好，甚至都具有某种精神病态特征。比如他们都喜欢在深夜聚集去飙车，寻求刺激。

另外，对于对方的感情史，或者说婚恋史，也要有一定的了解。这里并不是要求对方事无巨细地和盘托出，而是要了解对方是否与上一任余情未了，甚至是否隐瞒了自己已婚的事实。在我接触到的多例咨询个案中，都曾出现这样的情况。一些精神病态者擅长隐藏这些信息，导致很多受害者在不知情中成了"第三者"，被迫承受了很多社会舆论压力。

最后，如果对方像前面故事里的小松一样，是你的老同学，你仍然要多加了解。哪怕是熟悉的人，也会有你不熟悉的一面——对方可能戴着隐蔽人格面具。

❀ 注意情绪、言语，观察行为

精神病态者由于性格冲动，往往情绪波动较大，加之自身的自控力水平不足，因此往往在言语和行为上过于偏激。只要我们平时留心观察，就能够发现他们的问题。我总结了这种人的一些特征：

A. 他可能经常把这句话挂在嘴边——"我爱你，你是属于我的"。

如果是简单地表达对你的爱意，那并没有什么问题，但如果随之而来的那句话是"你是我的，所以你必须都听我的"，那就要多加小心了。这可能是他物化你的一种方式，是为了更好地控制你。

B. 他平时会暴饮暴食，目的是增加肌肉含量，体现男子气概。

这可能是一种对绝对的力量和控制的追求。当然，只要没有做出伤害伴侣的行为，单纯的运动健身并没有任何问题。

C. 他想知道你和前任是如何相处的，而且会不断打探细节。

这是亲密关系暴力的一个重要征兆，根源在于精神病态者过度的控制欲。这种极端的控制行为是为了把你过去的所有经历一一掌握，来确保你不会再去做任何他不希望看到的事情。未来他可能还会干涉你的穿着打扮，甚至禁止你和陌生人说话。

D. 你们存在一些观念上的冲突。例如，他认为男人打老婆是天经地义的。

E. 他经常以过度的肢体行为，例如拍打、推搡来表达自己的态度，还说是在开玩笑。

F. 他会因为一些小事而让冲突升级。例如，你们本来只是拌嘴，结果发展成他摔东西、踹门等。长此以往，他可能会从对物品发泄转变成对你发泄。

G. 你们的言语冲突会直接升级为暴力威胁。例如，他扬言要杀了你，哪怕是当着孩子的面。在更极端的情况下，他会对孩子说:"她不爱我,也不爱你,所以你也可以打她,没有关系。"

H. 他对外人都很友好,可回家关上门后就像变了个人,会逼着你做很多你不情愿的事,如果你不配合他就对你拳脚相向。

❧ 警惕性胁迫行为

上面提到了逼迫伴侣做不情愿的事情,性胁迫就是其中的典型。性胁迫是指在受害者表示不愿意与施暴者发生性接触的情况下,施暴者仍然通过威胁的形式强迫对方与自己发生关系。

性胁迫属于性暴力的范畴,当然也算是亲密关系暴力的一种形式。只是受害者通常会觉得这种暴力难以启齿,能说出来的人没有遭受传统肢体暴力而说出来的人多。

研究发现,性胁迫不仅发生在精神病态者身上,也发生在之前讲到的马基雅维利主义者以及后续涉及的其他隐蔽人格突出的人身上。

性胁迫可以是通过语言操纵,也可以是极端的身体胁迫:前者属于"情感操纵和欺骗"维度,包括通过对伴侣施加言语或心理压力,如质疑伴侣的性取向、威胁与伴侣分手或勒索伴侣的方式,来胁迫伴侣与自己发生关系;后者属于"身体暴力和伤害"维度,包括人身限制、堵住出口、殴打、捆绑或使用武器。此外，性胁迫也可能更具剥削性，即施暴者利用已经醉酒的人或故意灌醉对方来发生关系。

❀ 注意对方的嫉妒心

嫉妒是一种相对复杂的情感。在亲密关系中，嫉妒包括对伴侣的嫉妒以及对竞争对手的嫉妒。

而崇尚"游戏之爱"的精神病态者认为，在亲密关系中，自己必须有绝对的优势和主导权。当主导权受到威胁的时候，例如伴侣在某些方面表现得更好、更受欢迎的时候，他们的嫉妒情绪就会被诱发。

另一种情况是，伴侣如果被其他的异性欣赏或追求，他们同样会心生嫉妒。因此，他们限制伴侣的言行，不允许伴侣和异性交谈。

很多学者对嫉妒背后的心理动机进行过研究，结论大致可以归为两类。

一种说法是，精神病态者冷酷无情，因此更容易被诱发嫉妒，这种嫉妒背后的动机是具有攻击性的，会体现在他们想要支配或报复伴侣上。

另一种说法是，嫉妒其实源于对关系的不安全感。精神病态者通过控制伴侣可以有效降低这种不安全感，获得更高的自尊，同时也可以向外界发出一种信号：我们的关系非常牢固。

❁ 利用社会支持系统进行综合判断

我们在做任何重要判断或决策之前，都需要且应该参考我们的社会支持系统。

首先是朋友。身边的朋友对你的了解要更加客观，在你有些迷失自我的时候，更容易从理性的角度帮你分析。虽然那种"被泼冷水"的感觉不是每个人都能接受，但如果他/她真的是你的好朋友，你或许应该听听他/她到底怎么说。研究发现，最能预测一段感情何时结束的人，不是恋爱当事人，也不是心理专家或父母，而是你的舍友和好朋友。

其次，家人的观点依旧是要参考的。尤其是在你已经进入职场，没有太多时间和精力去了解对方的时候。父母拥有多年的生活经验，且对自己的子女足够了解，能帮助我们判断一个人是否适合我们。

总之，社会支持系统能在我们做出重大决策前为我们提供相对客观的第三方视角，帮助我们进行综合判断。希望每个人都可以好好地构建自己的社会支持系统，接下来我还将陆续提到它能为我们带来的诸多裨益。

❀ 了解性别差异

看到这里，我猜测很多读者会有一个疑问：这些隐蔽人格是否都存在于男性身上呢？我可以很负责任地说，大量研究证实，确实是男性身上更为明显。但是，隐蔽人格并非男性的专利，在女性群体里也存在。

从生育角度来看，女性的生育成本显著大于男性的生育成本，因此女性会处于相对被动的局面。但反过来，既然成本很高，那就要更加谨慎地做决策。这使女性放慢了择偶的步伐，为自己的孩子精挑细选合适的基因。当然，这是长期择偶策略的逻辑。

而前面也提到了，隐蔽人格者更倾向于短期择偶策略。当下女性的实际地位得到了显著提升，而人们的生育意愿在不断降低。因为种种因素，未来可能会有更多的女性选择短期择偶策略。

有研究发现，女性精神病态者很擅长通过亲子不确定性来"操纵"男性。

"亲子不确定性"通俗来说就是，这孩子的爸爸究竟是谁，只有妈妈最清楚。而亲子不确定性给男性带来的最大的伤害有两个：一个就是因伴侣出轨产生的负面社会效应，让男性把最为看重的面子都丢光了；另一个是自己明明不是孩子的父亲，却还要花费时间、精力、金钱去养别人的孩子。

值得一提的是，在关于亲密关系暴力的研究中也发现，男性受害者的比例逐年增加。以我这些年接触到的个案情况来看，这种现象主要是双方在家庭中的地位不平等导致的。例如，一些女方的家庭条件远远好于男方的，男方因此会感受到各方面的压力，会更多地处于关系中的附属地位。女方也会因此相对强势一些，容易产生比较激进或者极端的做法，而对男方施暴就是其中之一。还有一种情况是，男方由于担心社会评价和自尊心受损，不敢将被伴侣施暴的事实告知他人，只能通过家人的力量间接向外界求助。

此外，在影视剧里，越来越多的女性不再忌讳展现自己的力量。电影导演越来越多地挖掘女性角色的暴力之美，这在某种程度上影响了大众的行为趋势。比如导演昆汀·塔伦蒂诺在《杀死比尔》系列中展现的"新娘"和石井御莲决斗的镜头，就让人非常震撼。

受害者可能产生的创伤

在学会识别施暴者的特征之后，我们也需要对受害者可能出现的问题进行了解。

掉进共情陷阱

我们都认为共情是非常好的品质，这一点没错。但有时候，正是因为我们太能共情，而对方却没有共情意愿，也不会因此而感到愧疚，我们才会陷入共情陷阱。

共情陷阱就是，如果太过于共情对方，甚至会为对方找理由和借口，彻彻底底地为对方考虑，我们就容易和自己较劲，出现许多自问自答的情况。

"我看到他好像特别不开心，但他怎么没看到我也在不开心呢？！"

"哦，可能是他不想我离开他，看起来他更需要安慰。唉，看到他这样，我更难过了，我本应该理解他的。"

而这正是有共情缺陷的施暴者乐于看到的。

"逆我者必须付出代价。我从不用考虑他/她是怎么想的。只要是不听我的话，我就会让他/她明白后果有多严重。"

进行或轻或重的肢体暴力，在精神和言语上恐吓威胁，甚至伤人致残，施暴者会无所不用其极。

再次强调，共情是人类极为优秀的品质，但我们应该好好衡量，把共情留给更需要的人。

产生恐惧性条件反射

恐惧性条件反射是条件反射的一种。

经典条件反射最初源于著名生理学家、心理学家巴甫洛夫。狗看到食物会流口水，这是天生的本能，不需要教。而每次在给狗喂饭前都摇铃铛或开灯（这件事本身是不会导致流口水的），长此以往，会建立这件事与喂食之间的联系，那么之后只要摇铃铛或开灯（但没有拿出食物），狗也会流口水。

每当精神病态者施暴时，会有一些前兆，甚至是仪式。比如他们可能会把门反锁，说一些有明确含义或意图的话，穿上特定的衣服，带上某些特定的物品，甚至会把灯关掉，等等。而每次这些前兆信号出现后，伴侣都会产生身体上和精神上的痛苦。因此，当看到其他人做类似的锁门行为，或者拿着类似的物品时，受害者都会害怕暴力场景重演。这就是恐惧性条件反射。

◈ 产生习得性无助

受害者如果长期处在亲密关系暴力中，频繁被施暴，且没有任何可以反抗的机会，就很容易产生习得性无助。

美国心理学家马丁·塞利格曼做过一项经典实验。起初，他把狗关在笼子里，只要蜂音器一响，就对它电击，狗无处可逃。多次实验后，在对狗电击前，塞利格曼先把笼门打开，蜂音器一响，狗不是赶快逃跑，而是不等电击就先倒在地上开始呻吟和颤抖。它本来可以主动逃脱，结果却只是绝望地等待痛苦的来临，这就是习得性无助。

这有点类似于我们当下说的"躺平"，是一种不做任何反抗、任由宰割的行为。受害者在体验到习得性无助之后，会产生极大的无力感，精神会持续萎靡不振，甚至无法保证自己的正常生活。如果受害者身边有孩子，孩子很可能也会同样遭受身心创伤。

◈ 产生躯体化反应

由于长期受到肢体和精神暴力，受害者可能会出现诸多躯体化反应。

精神焦虑。对未来可能发生的施暴行为过度担心，具体表现为：提心吊胆、惶恐不安，甚至伴有恐慌导致的胸闷、心烦意乱、坐卧不宁等症状。

躯体焦虑。比如会四肢发抖、不能静坐，不停地来回走动，无目的的小动作增多；有的人会出现气短，严重的时候会头痛或肌肉酸痛，也会出现心跳过速、口干、腹泻或出汗等症状。

觉醒度提高。具体表现为过分警觉，对外界刺激比较敏感；注意力难以集中，易受干扰；难以入睡，睡梦中容易惊醒；情绪易激动；等等。

过度的紧张焦虑还可能导致惊恐发作。受害者会突然感到一种突如其来的惊恐体验，伴随着濒死感或者失控感，好像有人掐住了自己的脖子，让自己无法呼吸。严重者会出现自主神经功能紊乱。此外，过度紧张的受害者还会出现易疲劳、情绪低落、强迫性思维等症状。

💠 社交被封闭

有些精神病态者会通过强制手段禁止伴侣一切的自主活动。他们会没收伴侣的手机、电脑和银行卡，严格控制伴侣的行动范围。当通信、社交和经济都被控制，自主行动能力也无法保证的时候，受害者基本就处于一种被软禁的状态。

"他想要切断我跟外界的全部联系，然后只能听从他的命令。我每天活在恐惧中，随时可能被他打骂。我没办法向任何人求助，生活中只剩下绝望。直到我的父亲因为找不到我而报警，我才得救。"

如果暴力真的发生了，我们应该怎么办？

我想再次强调，对于亲密关系暴力，预防一定比干预重要。

但如果你已经处在一段亲密关系暴力中，不知如何是好，希望以下内容能帮助到你——哪怕是给你的生活带来一点点的改善也好。

❀ 加强沟通

如果你刚刚步入一段亲密关系，或者刚刚意识到伴侣会通过暴力的方式来发泄情绪和解决问题，那么，一定要尽快与其建立双方平等的沟通模式。

要建立这个模式，需要遵循以下几个原则。

首先，必须做到及时沟通。如果感到不适，一定要马上表达自己的感受，比如可以说"我不喜欢你对我这么粗鲁，你这样做让我非常害怕"，并主动询问对方为何会使用暴力。

其次，务必面对面沟通。这样一方面可以避免线上沟通无法看到对方的真实反应，或者施暴者有意回避，效率低下；另一方面，也可以面对面地明确某个动作的"程度"：这是什么样的行为、你采用了什么样的力度以及我不能接受超过什么样的力度！

对于不能接受的行为和力度，绝对要说"不"，没有任何商量的余地。很多施暴者早期会以"开玩笑"为借口来避重就轻，但作为可能会受到伤害的一方，你必须以非常认真严肃的态度来沟通此事。

及早发现，及时明确，及时制止。要把这种恶行扼杀在摇篮里。

❀ 设定界限，不要重蹈覆辙

很多亲密关系暴力的受害者都很难做到态度坚定，问题的关键在于他们没有设立自己的界限。因此，首先要明确对方怎样做对你来说就是暴力伤害。比如，你是否认为自己是在被动的情况下受到他人攻击的，且身心受到了极大伤害。

为什么这么说？因为很多人认为，有些动作和行为不属于暴力范畴，可能对方只是开个玩笑，或者是对方表达爱意的一种方式——他们只是动作幅度比较大，下手没轻没重。但如果你认为自己被伤害了，一定要直接表达你的不满，绝不能隐忍。因为受体是你，你是承受方，你有权且必须说出自己的感受！

同时切记，不要好了伤疤忘了疼。有些精神病态者在施暴后会立刻表现出认错的态度，并通过给受害者买昂贵的礼物来进行补偿。一次或许你能原谅，但如果每次都是类似的情节，你就应该识破这个伎俩，不然你会永远处在这个恶性循环中，无法摆脱。

> "每次他打完我，我都极度痛苦。每次我都下定决心，一定要跟他分开！但下次当他捧着一束鲜花站在我面前恳求我的时候，我就又心软了。他态度这么诚恳，又给我买了这么多礼物，我能感觉到他的真诚，也能感觉到他是真的爱我。其实我也不想失去他，要不再给他一次机会吧？"

❀ 不要做那个好人，不要抱有幻想

前文我提到了共情陷阱问题。很多受害者实际上还存在侥幸心理，认为如果自己对施暴者再多一点爱和理解，多一点包容，事情就会变得不一样。甚至很多受害者到了这个阶段还在

想方设法地为对方辩解，并怪罪自己的无能。

如果认真阅读了前文关于精神病态者特点的内容，相信此时你会更确定，不管对方是没有共情能力还是没有共情意愿，至少你无法感受到他/她对你的理解和关爱。因此，不要再去做那个好人，不要再同情心泛滥。

另外，很多人对于精神病态者有一种刻板印象，认为他们的文化水平不高，实际上并非如此。精神病态是最为隐蔽的人格之一。精神病态者在外面很可能有一定的社会地位，表现得彬彬有礼，但回到家里就会换另一副人格面具。因此，不要再抱有幻想，更不要试图去改变对方。

❀ 保护好自己，并主动收集证据

如果你已经在亲密关系暴力的环境中生活了很久，那么，首先要做的就是保护好自己。你可以学习一些防护身体要害部位的技巧，同时准备一些抗击打的装备。这并非开玩笑，因为我们在极度危险的情境下，首先要确保自己活下去。

在此基础上，我们要学会尽可能多地收集有效证据。比如就医记录、录音和照片、子女或者邻居的证词等。在必要的情况下，要坚决报警。同时也要利用好互联网的优势，很多亲密关系暴力的案件得以尽快解决源于在网络上的发酵。

❖ 确定自己的想法和判断，对未来进行评估

"我是否要彻底离开他？虽然他确实伤害了我，但如果离开他，我可能会过得更差。首先是房子我肯定住不了了，孩子的学费和生活费我也负担不起。更重要的是，我父母身体也不好，我真不想给他们增加负担。我这种已婚有孩子的，找工作也比较困难，可能会面临年龄歧视和性别歧视。你以为我不想离吗？"

很多亲密关系暴力的受害者会遇到类似的困境。所以，即便是打心底想离开对方，考虑到现实因素，还是不得不妥协。

还记得我在前文提到的那个公式吗？结果＝奖赏－代价。

我们都不希望结果是负值，但我们很容易忽略一个事实：很多结果并不是固定不变的。那些我们可以预料到的不利结果，比如住所和生活成本问题，都是可以找到相对应的解决方案的，前提是你要先迈出那一步！或者要先具备迈出去的勇气。而这个勇气要去哪里找呢？

或许这时又要"麻烦"我们的社会支持系统了。但请相信，在当下这个阶段，社会支持系统就是为你解决麻烦，为你提供支持的。去找他们聊一聊，倾诉一下你的情绪，或许会有

意想不到的收获。相信这一步对你来说不难吧？

❀ 寻求心理咨询师和社工的帮助

在上一章中我就提到过心理咨询和伴侣咨询的重要性。

这个方法同样适用于亲密关系暴力的受害者。当你无法劝说伴侣跟你一起去做咨询时，请你自己先走出家门，寻求专业的支持和帮助。不仅是心理咨询师，你们所属社区的居委会或者社区工作者也都可以在某种程度上为你提供帮助，而很多人并没有意识到这个相对更容易获取的重要资源。

九

虐待型人格——施虐狂

网上有很多别人出丑的视频合集，比如下楼梯时不小心摔了一跤、跳水比赛中脚一滑身体直接拍落在水面上、荡秋千被朋友甩飞出去……坦白讲，看到这些你是不是笑出了声，或许还转发给了朋友？

这时候有人可能就慌了："不会吧？我中枪了？我是施虐狂？"

就算你这样做过，其实也完全不必慌。这只是施虐狂的一种典型特征，并不足以说明你就是个施虐狂。

跟前面讲到的其他隐蔽人格类似，施虐狂人格最初也出现在临床和司法领域。大多数关于施虐狂的研究都是在司法领域中进行的，尤其侧重于性犯罪。然而人们发现，施虐狂在普通人的生活中出现得越来越频繁，加拿大英属哥伦比亚大学心理学教授德尔罗伊·鲍休斯（Delroy Paulhus）将其称为"日常施虐狂"。

施虐狂以从他人的身体或心理痛苦中获得快感为宗旨，他们的快乐要建立在别人的痛苦上，以享乐价值为导向。他们会为了自己的愉悦或是其他好处而做出在精神或身体上伤害他人的行为，比如开过分的玩笑，通过冷暴力来让伴侣痛苦，等等。

施虐狂有怎样的特征？

近10年来，精神卫生领域对施虐狂人格进行了基于亚临床个案的实证研究，总结出这种人格的一些突出特点。

嘲笑或羞辱他人

这是施虐狂在日常生活中最喜欢且擅长的行为之一。他们不仅会面对面地通过言语羞辱他人，还会匿名留言或使用一些特定文字。

"我知道如何单凭文字伤人，完全不需要动手。"

不仅是进行一般意义上的文字攻击，他们还可能揪着私德、敏感的人际关系，甚至是私生活来击溃当事人的心理防线。他们可以理所当然地将自己的快乐建立在他人的痛苦之上，毫无心理负担。哪怕因此而伤及无辜，对他们来说也无妨，甚至是额外的乐趣。

"每个人都有弱点，如果我想让你受点苦，只需要在你的弱点上稍微做点文章。这个方法屡试不爽。"

攻击性强

施虐狂和精神病态是攻击属性最高的隐蔽人格。

研究发现，施虐狂的攻击不一定是直接的，但一定是持续时间最久的。他们甚至让伴侣哭诉无门，只能默默忍受。比如，他们很了解伴侣不能接受某类事物，于是不断地用这些去刺激伴侣，并且装作并不知情，希望看到伴侣为此而抓狂。

"我最忍受不了的就是他上厕所不冲水！多大的人了，这种东西不用教了吧！我跟他说了无数次，但他就是左耳朵进右耳朵出。他大小便都不冲水，甚至家里为此换了智能马桶，他都懒得按！他是明知故犯，就是要让我崩溃。"

📦 爱编故事

施虐狂的想象力十分丰富。他们会有意搜集各种素材，通过自己的主观偏好，编一些莫须有的故事来诽谤他人，以达到他们的目的。故事往往涉及人们热衷的亲密关系、道德伦理以及可以博取关注度和流量的内容。

"当我的故事引发了大家的讨论时，我会很开心。尤其是当事人遭到一些批评甚至谴责的时候，我可以说是非常享受的，那种快感堪比流量变现。

"我喜欢写小作文，平时会有意搜集一些素材，然后把现实中的人和事随便往上面套套，就是一个全新的故事。之前我看室友不爽，于是把她写成了故事里的女主角。结果故事发酵，导致她的必修课成绩掉了十几分。

"虐恋主题是我最擅长的，只有你想不到的，没有我写不出来的。当然，我也会出现灵感枯竭的时候，所以经常会去一些网站上找寻灵感。"

🎲 迷恋含有暴力内容的影片和游戏

施虐狂极度沉迷于具有暴力色彩的影视剧和电子游戏。尤其是在施虐狂人格形成的早期，他们还不敢把内心的想法真正付诸行动，因此会通过一些间接的方式来宣泄。

大量研究证实了一个观点：暴力游戏和影视剧对青少年的暴力行为倾向有直接的"促进"作用。世界上最火爆的游戏之一《罪恶都市》一经推出便受到玩家的疯狂追捧。当时便有大量媒体和民众抨击该游戏对青少年甚至成年人的越轨行为推波助澜。

🎲 共情意愿低、道德感低

与精神病态者类似，施虐狂的特征之一也是明显缺乏共情。在侮辱或伤害他人之后，他们并不会感到一点内疚和悔恨。相反，他们享受看到他人的身心遭受痛苦。一些极端施虐狂甚至认为，有些人就应该受苦。当然，这种心态背后的原因比较复杂，后续内容会具体讲到。此外，施虐狂很擅长道德推脱，即用各种借口来解释自己的行为。

"我不会因为别人痛苦就产生同情心，他们其实是罪有应得的。如果非要给我扣上道德低下的帽子，那也无妨，我又没有犯法。真要把我逼急了，那我干脆发疯！"

🎁 喜欢博人眼球

前面提到过，很多施虐狂擅长写小作文，一方面是为了教训"当事人"，另一方面是为了获得公众关注。他们在访谈中曾坦言，自己在社交媒体上发布一些内容，有时单纯是为了提高点击率。为此，他们会刻意地夸大其词。而且，对于这些原创内容，施虐狂并不只是发着玩而已，他们会把很多原创"剧本"卖给一些指定机构或特定性质的小说网站。

🎁 冷暴力

施虐狂在亲密关系中不一定会直接暴露出攻击性，他们可能会通过一些软性攻击——比如冷暴力——来达到目的。

施虐狂非常了解伴侣对沟通的渴望，因此他们十分喜欢使用冷暴力的方式来惩罚伴侣。在此过程中，他们会尽可能切断和伴侣的联结，通过一些间接的行为和表情信号让伴侣主动认错，甚至下跪求饶。

🎁 性别内竞争

性别内竞争策略是指个体为了获得异性的青睐而在与同性竞争时采用的策略。这些策略可以是间接而微妙的，例如，恶意散布情敌的流言蜚语；也可以是更加直接而明显的，例如与对方发生肢体冲突。

总体而言，女性更有可能采取间接的策略，而男性则更看重目的和最终的效果，并不在乎具体的策略是什么。

🎁 嫉妒

施虐狂的嫉妒分为两个方面：嫉妒伴侣，以及让伴侣嫉妒自己。

如果施虐狂认为自己的伴侣对其他人有好感，则很容易产生嫉妒心理。他们会查看伴侣的电子邮件和社交软件，来阻止伴侣与他们假想中的"情敌"互动。

而对于如何让伴侣产生嫉妒，施虐狂也是十分擅长的。他们会通过报复、展示权力与控制力、测试伴侣忠诚度等方式，来稳固自己的安全感和自尊。报复和控制的根源在于他们需要让自己的地位始终凌驾于伴侣之上，并且让伴侣明白自己还有很多其他选择。

🎁 性别差异

目前，大多数关于施虐狂的研究都没有具体讨论性别差异。

少数研究表明，在亚临床样本（社区样本）中，女性既有日常施虐狂，也有性施虐狂，但比例都低于男性。在司法研究领域中，几乎所有的研究对象只针对男性罪犯。这或许表明，性犯罪中的女性只占少数。

同时，施虐狂的攻击表现形式可能存在性别差异。女生更多地表现为间接攻击，例如借助互联网进行攻击。网络的匿名性为女性提供了很好的隐蔽手段，也方便女性去组织、离间、解散小团体。例如，在四个人的小群体中由于各种原因发展出来多个三人的聊天群，而这些群会被施虐狂当作散播留言的阵地。

🎁 其他特征

此外，研究发现，施虐狂还具有以下特征。

他们普遍年纪不大，尤其是那些 30 岁以下的个体，他们比年长者更有可能虐待伴侣。施虐狂的家庭阶层构成比较复杂。他们更多地来自低收入阶层，可能未受过高等教育，家庭整体收入不高。但也有研究发现，许多施虐狂的家境并不差，甚至可以用优渥来形容。这种情况下，家长对孩子的经济支持一般是足够的，但可能对孩子关爱不足，这也在某种程度上解释了施虐狂为何共情能力差、道德水平低。

此外，在亲密关系中，男性比女性更有可能对伴侣造成严重的伤害，这点同精神病态者类似。有研究发现，男性的施虐对象更多是妻子，而女性的施虐对象更多是孩子，并以体罚为主。可能是由于母亲承担着照顾孩子的主要责任，与孩子相处的时间较多，因此她们有更多施虐的机会。

施虐狂的典型行为：欺凌与虐待

欺凌涉及的范围非常广。我们最熟悉的是校园欺凌，有很多影视剧就是以校园欺凌为主题的。除了校园欺凌，根据发生的领域或场景不同，还包括网络欺凌、亲密关系中的性欺凌等。

研究发现，施虐狂在幼年时期往往遭受过不同程度的欺凌和虐待。换句话说，欺凌中的施暴者，早年可能是被欺凌的受害者。在家中，他们可能被自己的兄弟姐妹欺凌；在学校，他们可能被同学欺凌……

欺凌和虐待的形成相当复杂。

首先，欺凌与虐待存在明显的代际传递效应，欺凌者可能生活在一个频繁虐待他的家庭，施虐者可能是他的父母或其他相对亲近的人。这种关系一旦建立，就会形成一种恶性循环。受害者日后可能会发展为程度更深的被虐受害者，也可能会反转为主动的施虐者，其中原因极为复杂，是心理机制与环境共同作用的结果。同时，我们了解到的欺凌和虐待事件，也只是真实情况的冰山一角。

除了具备施虐狂的一些基本特征外，欺凌者还会表现出一些独特的风格。

📦 喜欢挑衅

欺凌者们非常喜欢主动挑衅他人。他们经常出言不逊，会随意评判、攻击对方的外表、打扮、人际关系甚至人格。

> "他们经常攻击我的身材，说我是全校最胖的女生，会给我起很多外号，然后在大庭广众之中冲我喊。他们还会说我根本不可能减肥成功，说我这辈子都完蛋了。我当时很气愤，但也很害怕，因为真的被戳到了痛点。"

受欺凌者在初期往往忍受不了这种言语挑衅，会做出一些反击，而这恰恰使他们落入了欺凌者的圈套。当欺凌行为第一次发生之后，便会逐步建立起类似这样的模式：欺凌者挑衅→被欺凌者反击→出现欺凌行为→被欺凌者遭受创伤。

◈ 喜欢支配别人

欺凌者普遍不是一个人，而是具有团体性质的组织。在组织中，核心成员的命令是非常有效的。欺凌团体不仅会支配那些长期被欺凌的对象，组织内部地位较低的成员也同样可能会被核心成员欺凌。

> "每次见到他们，都需要给他们让路。每天要带早餐给他们，零花钱有时候也会被他们拿走，除非我藏得好。我一般会把钱放在鞋里。"

◈ 崇尚暴力

欺凌者从小接触暴力信息、暴力媒介，或者生长在暴力环境中，因此，他们适应了暴力行为，甚至认为暴力可以解决绝大多数问题。这个观念会一直伴随他们长大成人。当他们进入亲密关系后，也会以同样的态度对待伴侣。

"暴力不仅是力量的体现,还是统治力的象征。一旦你有了足够的统治力和权力,剩下的东西都会随之而来。如果没有这种能力,你很快就会被淘汰,只能给别人干活。所以还是拿拳头说事儿吧,这样简单又直接。这些都是我爸告诉我的,而事实也的确如此。"

成长环境复杂

正如前文提到的,欺凌者的家庭情况是复杂的。很多人对他们形成了刻板印象,认为他们都出身于低收入阶层,但研究发现,事实上有不少家庭经济条件优越的欺凌者。虽然经济条件不差,但这些孩子早期缺乏父母的积极关注,无法得到足够的教养和关爱,缺少积极的榜样。

此外,在二孩和多孩家庭中,同胞关系的影响不容忽视。尤其是在冲突型的同胞关系中,经常会出现兄弟姐妹之间相互欺凌和虐待的现象。而父母的差别对待也会让同胞之间的关系变得不平衡。

有报复行为

童年时期遭受过父母体罚甚至虐待的孩子,或者亲眼看见过亲密关系暴力的孩子，未来可能会虐待父母或伴侣，这是他们的一种报复手段。

"小时候我爸告诉我，他打我就是爱我的表现。现在我也来回报他一下。我告诉他，我也很爱他，所以我会用他当年爱我的方式来爱他。就是这么简单。"

从受虐转向施虐

最近的研究发现，长期遭受虐待的人在未来也可能转变为主动的施虐者。

首先，他们长期通过"以弱对强"的方式进行抗争。即便绝大多数情况都是以失败告终，但这些经历训练了他们的心理韧性，提高了他们的抗击打能力和从挫折中恢复的能力。

其次，"从小被打压，一辈子被踩在脚下"会让受虐者的内心产生极大的补偿需求。一旦有机会，他们会疯狂地报复，甚至是加倍奉还。而这种补偿心理会导致他们彻底从受虐转向施虐，并且很难停下来。

关于施虐和受虐的一体两面问题，后文中再具体展开。

施虐狂的两种类型

▽ 自信型

这类欺凌者可以说是典型的施虐狂。他们知道自己在做什么，也知道自己的暴行会伤害他人，他们的一切行为都是为了满足自己的需求。

▽ 焦虑型

这类欺凌者往往是由于自身的不安全型依恋风格而做出施虐行为。他们渴望依恋，在现实生活中却得不到满足，因此内心长期处于矛盾之中。他们可能会试图通过控制和伤害别人来获得一种错觉——仿佛自己能够掌握和操纵周围的环境。然而，这并不能真正实现他们内心深处的渴望，因为施虐行为让他们产生的满足感通常是暂时的，并不能长久地维持。这类人往往会在实施欺凌或虐待行为后感到一定程度的内疚和痛苦。换句话说，他们并不想故意伤害他人，而是渴望改变的。相比于自信型欺凌者，焦虑型欺凌者是相对容易被干预治疗的群体。

被欺凌和虐待的人，在这种不健康的关系中，也会渐渐形成一些特征。

受虐者的特征

一般心理问题

长期被欺凌或虐待的人，普遍会出现各种各样的心理问题。最为常见的是抑郁和焦虑情绪，严重时将会发展为抑郁症和焦虑症。

研究发现，40%的自杀者都曾遭遇过欺凌或虐待。他们由于种种原因（如担心丢人、在乎社会评价等）无法发出求救信号，因此会变得更加压抑，极度缺乏安全感。同时，受害者担心身边的人得知自己的处境，普遍会缩小自己的朋友圈，进而变得更加孤立无援。

矛盾与冲突

很多受虐者内心充满了矛盾和冲突：一方面他们不敢反击，担心反抗后会受到更大的伤害，也不敢告诉身边的朋友，因为他们比较在意他人的眼光，觉得朋友也无法给出实质性的帮助，担心主动求助会暴露自己的身份；另一方面他们又觉得自己有足够的能力去应对。

"现在看来，当时我太优柔寡断了。因为不够坚定，错过了解决问题的最佳时机。我平时就是那种不太擅长做决定的人，点个菜都是'我都行，随便'的态度。而且我可能是太过谨慎了，必须等到有十足的把握才会做决定。但这一等，可能就会让自己受到更多的伤害。或许我有点盲目自信了。"

🧊 自卑心理

很多受虐者在遭受欺凌或虐待之前就已经很自卑了，受到伤害又增加了他们的羞耻感。他们认为自己不值得同情，即便是说出来，也不会有人在乎。

此外，这些受害者的体质普遍较弱，可能体重过轻，存在一些基础病症，也可能存在一些先天的（比如外形上的）缺陷。

🧊 主动挑衅

需要注意的是，挑衅的并不一定都是施虐者，也有可能是受虐者。

这些受虐者普遍存在一种矛盾的认知。他们确信自己受到了欺凌和虐待。但他们也清楚，很多时候原因在于自己。他们会经常主动挑衅欺凌者（施虐者），引起对方的暴行。有研究发现，这可能是一种边缘人格的表现，但具体原因尚不明确。

🧊 习惯被虐待

在长期遭受虐待之后，受虐者会产生习惯性的刺激耐受，对于虐待的忍受能力会显著提升。甚至在被虐待的过程中，他们可以冷静地思考、评估虐待的程度。研究发现，习惯被虐待者有可能在未来转变为受虐狂，即享受被虐待带来的"痛苦"。

"打是亲，骂是爱。只有他打我的时候，我才会觉得离他最近。我甚至会主动要求他用身体压着我。喘息不上来的感觉，能让我意识到自己的存在。"

如何区分性虐待与受虐性癖好？

性欺凌的前身是性骚扰。自从性骚扰这个概念被大众熟知之后，心理学中把具有性动机的欺凌普遍称为性欺凌。

性欺凌往往表现为不受欢迎的性关注，容易让被凝视的人感到不舒服。这一行为主要针对女性，少部分涉及男性以及跨性别群体。性欺凌包括做猥琐的手势或发送不雅的文字信息、评论他人的身体或性特征以及嘲笑或戏弄他人。

研究发现，女性比男性更容易被开与性有关的玩笑，受到低俗的评论和手势侮辱，在肢体上被骚扰。而受害的男性往往会遭受性取向上的污蔑，被迫观看那些具有性意味的图片、文字或视频等。受害者可能会因此经历学业和工作上的困难，难以维系人际关系，出现明显的躯体症状，同时会出现更多自杀的念头和自我伤害的行为，甚至会物质滥用。

性虐待与虐恋文化

一项针对性犯罪者的研究发现，46%的性施虐狂罪犯同时被诊断患有（非性）施虐狂人格障碍。虽然现在施虐狂本身已经不再属于精神障碍分类系统，但关于施虐狂在亲密关系中的讨论却越来越多。

研究发现，性施虐狂与日常施虐狂只存在中高程度的相关。一个人可以在平日（如在工作场合）与他人正常交往，但在亲密关系中出现性施虐狂的特征。

BDSM属于一种虐恋文化，是一种亚文化中的性癖好，通常包含三个方面：

B&D，即绑缚与调教（bondage & discipline）；

D&S，即支配与臣服（dominance & submission）；

S&M，即施虐与受虐（sadism & masochism）。

人们往往以S&M来代指BDSM或虐恋行为。一般来说，这三者很难彻底区分开，它们往往侧重于不同方面的掌控。我们可以认为B&D更倾向于肢体上的束缚、约束，D&S更倾向于精神上的臣服、服从感，而S&M则更多倾向于从生理上的疼痛中获得快感。

BDSM是某些生理与心理因素所致。

在生理方面，有研究发现，施虐狂在观看具有施虐和受虐内容的图片时，额叶和颞叶区域有更活跃的神经活动。对神经系统的研究还表明，疼痛可以使大脑释放出胺多酚（endorphins）。因此有学者猜测，有受虐倾向的人，特别是喜欢肉体疼痛的人，可能是胺多酚成瘾者。

在心理上，童年经历——普遍是遭受欺凌和虐待所带来的创伤诱发了人们的BDSM倾向。同时，一些认知偏差也会推波助澜，例如后天被告知BDSM对关系有促进作用，人们便可能会进行尝试。也有一些人在成长环境中形成了对于焦虑感与恐惧感的极端追求。

此外，有研究认为，BDSM是出于对暴力与攻击性的偏好，符合施虐狂和精神病态的特征，甚至将其与暴力犯罪联系起来。但需要说明的是，BDSM应该是以双方在事先进行沟通并彼此达成共识为前提的，而强奸、虐待等暴力犯罪行为则是施暴者单方面将意愿强加给受害者，二者存在本质上的不同。

学者大卫·史坦恩（David Stein）提出的 SSC 原则被认为是 BDSM 社群中大部分参与者寻求共识时所使用的原则之一。SSC 原则指"安全"（safe）、"理智"（sane）和"知情同意"（consensual）。

其中，"安全"指参与双方应当努力排查可能存在的风险，以避免它对健康造成危害；"理智"指所有活动应当在头脑清醒与明智的情况下进行；"知情同意"指所有活动应当在所有参与成员完全知情并同意其内容的前提下进行。

而有效避免亲密关系暴力的一个重要前提就是，伴侣双方需要遵循类似 SSC 这样的原则。尤其是在知情同意方面，不单纯指对 BDSM 活动的内容知情同意，还包括彻底了解清楚其中各项行为的潜在风险、意外因素以及应对措施。

这种了解建立在双方对于活动内容、承受程度、权力交接方式进行平等交流的基础上。有了知情同意作为前提条件，能够保证在 BDSM 活动中，双方的信息量是对等的，权力交换前后双方的权力均是对等的，从而降低暴力事件发生的概率。

关于大学生中 BDSM 行为的调查

几年前，我在"越轨社会学"的公开课上开展过一个大样本调查。样本来自全国10个城市，共有32所高校的3215人参与，参与者平均年龄20.8岁，女生占比54.49%。

其中，23.14%的学生表示"有过BDSM的相关经历"，这说明，BDSM在大学生群体中存在一定的流行性。其中S&M和D&S行为的比例均超过半数，分别为69.02%和51.54%，且学生们都施行过不止一次。而S&M的占比最大，且反映出一定的多元趋势。

值得一提的是，在施虐和受虐角色的问题上，选择"不确定/可根据需要灵活转换"的人占了将近一半（48.5%）。而在评价"所带来的体验满意度"时，无论是从生理维度还是从心理维度，学生们都几乎100%表示了肯定。这表明，大学生群体比较灵活，并不被固定角色束缚，同时对BDSM行为的整体满意度极高。

此外，学生们也会担心自己的这种兴趣和"身份"被身边的人知道（55.74%的人有此顾虑）——他们主要担心来自同伴和父母的评价。

积极的方面是，学生们对于BDSM的原则和态度都有较为清晰的认识，几乎都能做到双方权力平等以及各自知情同意，只有极少数参与者表示受到了身心上的伤害。

整体而言，大学生因为年龄小，对于新事物的接受程度较高。同时，由于接受了一定程度的教育，有途径科学地了解相关知识与观念，他们基本能够保障身心健康。但其他群体（如职场人士、中老年人群等）是否能够重复验证上述结果，还需要进一步调查研究。

对于施虐和受虐的匹配问题，或许并没有一个确切的答案。关键依旧在于伴侣之间的平等和知情同意，而这是需要经过充分的、坦诚的沟通才能达到的。在这里也提醒大家：角色是可以转换的，每个人都有自身隐蔽的一面，甚至是多面。

角色互换：施受虐的一体两面

尼采的著作《善恶的彼岸》中有一句话很经典："与恶龙缠斗过久，自身亦成为恶龙。"这句话在某种程度上解释了施虐和受虐之间的一体两面性。

尤其是对于受虐者来说，他们甘愿受苦，会习惯性地去照顾别人。他们喜欢以"拯救者"的身份站在道德的制高点，甚至甘愿自己来承受痛苦，以此希望事情变得更好。同时，他们也是自我挫败的高手，比如会在重大考试或者比赛中莫名发挥失常，让人摸不着头脑。

"只有痛苦可以加深我和他的关系,我喜欢这种联结感。虽然听起来有些难以接受,但我已经习惯了这种刺激,无论是身体上还是心理上,都会非常需要它。这个过程太重要了,让我更有存在感和价值感。"

而对于施受虐角色的转换,我想到了另一个经典的心理学实验。

斯坦福监狱实验

这是一个被收录进心理学教材的著名实验,也是心理学史上至今依旧存在极大争议的实验之一。尽管存在伦理道德问题,尽管实验中途被叫停,但它向世人呈现了一个残酷的结论:一个"好人"要变成一个"坏人",只需要六天的时间。

1971年,美国斯坦福大学的心理学家菲利普·津巴多计划开展一个关于"环境对人的性格的改变"的研究。他有一个非常前卫且大胆的想法:模拟监狱的真实环境,并找来参与者进行真实的监狱实验,以此来观察人类对于被囚禁的反应以及囚禁对于"权威者"和"被监管者"行为的影响。

在他的领导之下,研究团队把斯坦福大学心理系大楼的地下室改造成了监狱。为了足够真实地还原，研究团队还采访了狱警和曾经坐过牢的罪犯，精心设计了各方面的细节。然后，他们在当地的报纸上刊登了招募信息，并承诺前来参与实验的人每天可以得到15美元的报酬，实验一共为期14天。按照当年的物价水平来看，这笔报酬很丰厚，而且还管吃管住。所以，广告一发布，报名者非常多。

经过层层考查，最终共有24位身体健康且心智成熟的参与者入选。研究团队随机将这24个人分成了两组，一组充当了狱警的角色，另外一组则扮演囚犯，每组都留了3个人作为替补人员。

为了参与者能更好地进入状态，实验大量模拟了真实的监狱情境。比如，"囚犯"被"警车"押解到监狱，然后衣服被扒光，消毒洗澡，并穿上囚服。每个"囚犯"到了这里，不会再有名字，只剩下冷冰冰的编号。每三个人被安排到一个小隔间，由充当"狱警"的参与者进行看守，"狱警"的任务则是维持监狱的秩序。

最初，"囚犯"们并没有太当回事，表现得非常散漫，他们认为这只是一个实验，可以不用太当真，根本没把"狱警"放在眼里，更不要说服从他们了。

而"狱警"们也发现了这些"囚犯"非常难管理。为了树立自己的权威,他们在半夜吹哨,把"囚犯"统统叫起来,要求他们做俯卧撑,甚至骑在他们身上,逼他们就犯,引起了"囚犯"的不满。第二天,"囚犯"就发起了抗议,用各种办法堵住小隔间的门,以此来阻止"狱警"进入。

这样的行为也激怒了"狱警"。"狱警"认为,他们之前还是过于温和,所以没有达到效果。于是,"狱警"采用了更加暴力的手段,用灭火器喷射"囚犯",同时扒光了"囚犯"的衣服,把不服管教的几个"囚犯"关了禁闭,而情节较轻的"囚犯"则被安排住单间,得到了比其他"囚犯"更好的待遇。

这些举动引起了"囚犯"之间的猜忌。他们认为,是那几个背叛者给"狱警"通风报信的。从这时开始,"囚犯"的抗议越来越少,而"狱警"的惩罚越来越多,许多"囚犯"受到了极其严酷的惩罚,从事非常卑贱的工作,丧失了作为人的尊严。有时候,"狱警"甚至不让他们上厕所,导致"囚犯"只能在自己的小隔间里解决,这让整座监狱变得恶臭。

在这样的情况下,有的"囚犯"精神逐渐崩溃了,主动要求退出实验。不过,"狱警"彼时正演得兴起,才不会在意"囚犯"的诉求。他们对待"囚犯"的手段变得越来越残忍和龌龊,甚至可以说是超乎想象的虐待。

在此期间,为了模拟真实的监狱环境,津巴多还邀请了牧师来与精神崩溃的"囚犯"交谈。有一位"囚犯"请求牧师解救。牧师找来了律师,但律师得知这是一场实验后,表示无能为力。

事情直到津巴多的女朋友来到监狱才有了改变。看到几乎失控的实验现场,她愤怒地指责了津巴多,使津巴多清醒过来,在第二天终止了实验。也就是说,原定14天的实验,最终在第6天就终止了。然而,在这6天的实验中,人性中恶的一面已经体现得淋漓尽致。

通过这次实验,津巴多得出了不少结论,并发表了论文。后来,他甚至写了《路西法效应——好人是如何变成恶魔的》这本书,详细阐述了实验过程以及他的结论。所谓的"路西法效应"是指:在特定情形下,一些本性纯良的普通人的人格、思维和行为方式会因为外界的影响而突然改变,人性中的"恶"会被释放出来,出现集体违反道德的行为,甚至出现反人类的罪行。这个实验也告诉我们,环境确实会影响甚至改变人格。而实现真正的角色的转换,或许不需要太长的时间。

十
自恋型人格——自恋

我相信很多人都听说过这个故事：纳西索斯（narcissus）是希腊神话中最俊美的男性之一。无数少女对他一见倾心，可他却拒绝了所有人。有一天，纳西索斯在水中发现了自己的影子，但他不知道那就是他本人。他对这个倒影爱慕不已，难以自拔。最终，纳西索斯扑向倒影，溺水身亡，死后化为水仙花。

从词根上就可以看出，自恋（narcissism）一词源于纳西索斯的故事。

最初的自恋也被认为是一种人格障碍，只在临床和变态心理学领域中讨论。直到20世纪70年代，学者海因茨·科胡特认为，自恋是普通人人性的一部分，并将其引入社会心理学领域。

自恋是所有隐蔽人格中社会适应性最好的，也是相对危害最小的。

我们每个人都多少有一点自恋，这是非常正常且必要的。因为自恋中包含着不同程度的自信、自尊甚至自卑。它们都是"自我概念"发展程度不一的体现，很难彻底区分。

你喜欢镜子中的自己吗？你喜欢自拍吗？你会把自拍发到社交媒体上吗？

这些问题都跟自恋相关，也都属于亚临床自恋评估的范畴。如果你想看看自己的自恋水平，下面的自恋人格问卷可以为你提供一些参考。需要说明的是，该问卷并不具有临床诊断功能，因此即便你拿到了满分（40分，但大概率不可能），也只能说明你的自恋水平很高，并不能代表你患有自恋型人格障碍。

自恋人格问卷

下面是一系列关于自我的描述。请仔细阅读后，判断你是否认可这些描述。此问卷为"是/否"计分，是=1分，否=0分。

1. 我更想做一个领导者

2. 我做事很少依靠别人

3. 我是一个非凡的人

4. 如果有机会,我会炫耀、展示自己

5. 我可以像读一本书一样看清一个人

6. 我喜欢看我自己的身体

7. 只有获得了我应得的一切,我才会满意

8. 我认为自己是一个很好的领导

9. 我愿意为做出的决策负责

10. 我知道我很不错,因为所有人都这样说

11. 谦逊不是我的风格

12. 我可以使人相信我想让他们相信的任何事

13. 我喜欢看镜子中的自己

14. 我对别人通常期望很高

15. 我将会取得成功

16. 我比其他人更有能力和才华

17. 我喜欢被别人称赞

18. 在公众场合,如果别人注意不到我,我会很不

开心

19. 我发现操纵别人是件容易的事

20. 我喜欢展现我的身材

21. 我想功成名就，被全世界瞩目

22. 人们似乎都觉得我是权威人物

23. 我可以按照自己想要的方式生活

24. 我认为我是一个特别的人

25. 我喜欢成为焦点

26. 我可以搞定任何事情

27. 我有很强大的意志力

28. 我天生就有影响他人的能力

29. 我一直知道自己在做什么

30. 我希望未来有人会为我作传

31. 我几乎敢做任何事情

32. 每个人都喜欢听我的故事

33. 我一定要捍卫自己的尊严

34. 我是个坚定且自信的人

35. 我将会成为一个伟大的人

36. 我真的很享受大家都关注我时的状态

37. 如果我来掌控世界，世界将会更美好

38. 我喜欢管理他人

39. 我喜欢开启/引领时尚的新风潮

40. 我是天生的领导者

将以上所有条目的分数相加，就是你的最终得分。可以将这个问卷分享给你的伴侣或身边的朋友。你们可以互相做做比较，彼此开开玩笑。你还可以看看你眼中的自己和他人眼中的你是否一致。

自恋者有怎样的特征？

自恋者具有一些典型的特征。

自我中心

自我中心是自恋者最显著的特征之一。

他们会坚定地把自己的需求、欲望和兴趣的优先级排在伴

侣甚至其他任何人之前，一切以自己为主，没有任何商量的余地。他们总会以"我"来开头，不管是面对面和人交谈还是在线上用文字沟通，"我"出现的频率都格外高。此外，他们可能会一味地期望伴侣满足自己的要求，而不会给予对方同样的关心或体贴。

"跟他聊天真是非常痛苦。无论我说什么，他都能立刻把话题转移到他身上！什么都跟他有关系！比如我说'最近有点心烦，因为……'，他不等我说完立马就说：'我跟你说我也是！下午跟一个客服沟通半天，他太不拿我当回事儿了，什么破产品啊，后续维修还要额外收费，根本就是个笑话！才用了多久就出问题了？这样的话，他们未来不可能有好的发展……'开始我还挺照顾他的情绪的，能听他说完。现在他只要再来这一出儿，我直接转身就走。"

爱慕虚荣

自恋者会选择购买昂贵的奢侈品来体现其"高人一等"的身份，也会选择在化妆品和医美方面投入大量资金。跟他们对话时，也能明显感受到他们的攀比欲和虚荣心。

"我跟您说，这已经不是爱花钱的问题了！一点不夸张地说，香奈儿出什么她买什么，跟她关系最好的不是家人，而是销售人员。某款产品啥时候出，她比谁都清楚，而且她一定要第一时间买到，然后就拿出去向她的姐妹们炫耀，还得让外人觉得她买这些东西轻而易举。做医美也是一样，她总会二话不说先办卡，一个月要消费大几万块。还好现在我们没要小孩，不然可怎么办啊！"

极度需要被认可

自恋者会孜孜不倦地追求得到他人的钦佩和认可。

在亲密关系中，他们会要求伴侣不断地赞美自己，肯定自己。如果伴侣做不到，他们就会心烦意乱，焦躁不安。他们需要不断验证一个答案或结果：我是真的很不错！

"我经常说我老公是'爱开屏的邀功帝'，因为他就像孔雀一样，本身很光鲜亮丽，而且又喜欢展现自己。即便我已经夸他优秀了，他还是想听我继续说下去，好话永远听不够。就连倒个垃圾，或者铲个猫砂，他也要来找我邀功。"

📦 自我吹嘘

自恋者会经常夸大自己的成就和能力，显示自己的优越感，目的是引起他人的注意和赞赏。他们擅长在言谈间强调自己的重要性和影响力，甚至会忽视其他人的贡献和价值。同时他们也基本不懂什么是谦逊，经常会陷入自我陶醉的状态，无法客观看待自己的真实情况。

"夜晚，在一个大排档的四人桌边，坐着三男一女。三个男人争先恐后地讲述自己的辉煌经历，内容包括但不限于亲身经历的政坛人情世故、亲力亲为的创业融资上市、亲眼见证的娱乐圈花边新闻。他们讲话时肢体动作异常丰富，加上都喝了酒，画面就很戏剧化。那些故事并不一定都是编的，但其中一些细节我在类似的场合中确实听到过很多次。"

📦 有优越感

自恋者的优越感与他们的自我中心一脉相承。他们认为很少有人配得上自己，对自己的外貌、身份、经济地位、能力、审美等都有着无上的优越感。他们认为自己理所应当被优待。这种心态也与家庭环境和教养方式有关。

"是的，在一起这么久，我从来没听他说过一句'抱歉'。在他眼里，自己不可能有错。就算是有错，他也不可能跟我道歉。他觉得我跟他在一起，是我的福气，我应该知足，更应该感恩。他的家庭条件是很好，但这种优越感让他显得很讨厌。他特别目中无人，自以为是。出去玩的时候，他甚至认为排队这件事就不应该发生在他身上，所以他会去想其他办法。他的优越感是对所有人的，跟他说话的时候，大家都能感受到他的那种嫌弃。我们所有人都配不上他。"

这也让我想起了另一个故事：当年乔布斯和沃兹共同创立了苹果公司。沃兹本身是个电子天才，最初的两款产品都是他设计的。斯科特出任苹果公司的总裁后，把1号员工编号给了沃兹，2号给了乔布斯。不出所料，乔布斯不满意，要求当1号。在被斯科特拒绝后，乔布斯大为光火。最终他提出了一个新的解决方案：既然当不了1号，那他就要当0号！虽然最终出于一些原因没能成功，但乔布斯这一举动非常符合自恋人格中极度有优越感的特征。

🔷 傲慢无礼

如果说自恋者的优越感是在骨子里看不起他人,那么他们的傲慢无礼则会表现为对其他人的鄙视性行为。他们连基本的礼貌都做不到。傲慢无礼的自恋者普遍自视甚高,表现出过度膨胀的优越感。在他们眼中,自己就是比其他人更优越,甚至其他人和自己根本没有可比性,因此他们总是一副居高临下的姿态。

"我在娱乐圈工作了很多年,对艺人的法务、经纪、商业活动这些内容都很熟悉。有些艺人表面给粉丝的印象是和和气气、讲礼貌的大男孩和小公主,私下却会对工作人员颐指气使、阴阳怪气,进门要别人帮自己开门,甚至吃东西都要别人帮着擦嘴。我听过最狂妄的发言是:'我正在发光,你们还不跪下?'"

🔷 打压和否定他人

不管是在职场中,还是在与父母以及伴侣相处时,自恋者都擅长发表他们独到的见解。不管你的观点是什么,他们都一定要先否定。他们做领导时会否定下属,做家长时会否定孩子,做朋友或伴侣时也会否定他人。

这就是自恋者打压他人的常用手段。

"不管我说什么,他一定都是先给我否了再说。这已经是一种习惯性操作了。他压根不在乎我说了什么。换句话说,不管我说什么,都是不对的。最初我觉得,一定是自己的想法还不够成熟。在经历了很多次之后,我就发现他其实并没有什么高见,他的观点甚至和我的并没有本质区别。但他就是要先否定我,以此占据制高点。也就是我对自己的认知比较清晰、稳定,不然肯定被他PUA了。"

打压和否定的目的并不是指出别人的观点的问题,而是凸显自恋者在关系中的支配地位。支配性这个特征几乎存在于所有隐蔽人格中。自恋者会利用人格魅力向伴侣索取自己想要的东西。他们可能会使用言语打压、情感操纵以及道德绑架等策略来控制伴侣。

见风使舵,缺少同理心和责任感

所有隐蔽人格显著的人通常都很难与伴侣产生共情,他们没有足够的耐心去倾听,因此很难理解或确认伴侣的感受和情绪。他们甚至会否定、贬低伴侣的情感，让伴侣觉得自己不重要或应该被忽视。同时，自恋者很难为自己的错误负责，也不愿意承认自己的过失。他们会把责任转嫁给伴侣，或者归咎于外部因素来逃避责任。这一点类似于前文提到的道德推脱。

自恋者的特殊之处在于，如果对方的地位和能力等均显著高于他们，他们就会见机展现出更多的同理心和责任感。他们会主动地倾听，会去赞美对方，甚至会做出很多低三下四的套近乎行为。

"这种人很会'见人下菜碟'，真是让人恶心。他们平时一副清高的样子，谁也看不上，觉得自己最厉害。然而一旦见到了他们认为重要的人，就会毫无底线地讨好对方。你觉得这种人是没有关心你的能力吗？根本不是。他们是不想关心你，压根不在乎你的感受，认为你不配。"

嫉妒和占有欲

自恋者会表现出强烈的嫉妒心和占有欲。如果觉得伴侣的成就对自己构成了威胁，或者伴侣与他人的互动过于亲密，他们可能会试图切断伴侣与朋友和家人的联系，以保持对伴侣的控制。此外,自恋者缺少边界感,会侵犯伴侣的隐私或个人空间,不顾及伴侣的感受,也不在意伴侣的自主权。

"他想知道我所有社交平台账号的密码,而我不想告诉他,为此我们争论了很久,甚至还在网上做了一个调查问卷。我是真的无法理解,也不能接受他的要求。这属于个人隐私。而且不管我去了哪里,他都要我向他汇报。他非常容易嫉妒别人,我跟别人说几句话,他就觉得有问题,甚至会去警告人家离我远点。"

很容易爱上,却很难一直相爱的自恋者

在亲密关系中,自恋者在不同阶段表现出不同的特征。我经常被问到这样几个问题。

问题一:自恋者这么爱吹嘘自己各方面的能力,他们到底有没有真才实学?

客观来说,自恋者是有一定能力的。而且他们早年间应该很努力,也取得过一些成就。但是,这些早先的基础并不能确保他们未来走向成功。

问题二：是不是只要符合那些自恋的特征，就算患有自恋型人格障碍？

自恋者的特征，每个人身上或多或少都存在。我们与他人相处，在社会上立足，也是需要一点自恋的。而自恋型人格障碍是临床和变态心理学的范畴，有一定的临床诊断标准，没有专业基础的人很难自行诊断。很多媒体和短视频博主喜欢将自恋型人格障碍作为噱头，夸夸其谈，这其实容易误导大众。自恋型人格障碍的具体判断标准在后面会提到。

问题三：我跟我的伴侣都很自恋，我们未来能不能长久？

只要两个人相处融洽、愉悦，三观无明显冲突，就很有可能走得长久。

至于伴侣双方性格的匹配度问题，我在第一部分就强调过——无论两个人个性是相似的还是互补的，都可以建立起理想的亲密关系。本章后续也会将我总结的自恋类型匹配结果呈现给大家。

问题四：自恋是不是可以自我调节的？

在亲密关系中，自恋者可能会评估自己与伴侣的关系，来改变自己的行事方式。而且，不仅是在亲密关系中，在任何人际关系中，自恋者都可以自由调节，只是效果存在差别。

▲ 早期：让你沦陷的完美对象

在亲密关系初期，甚至尚未正式确立关系时，自恋者会塑造和经营自身形象，呈现最好的一面：学历是顶尖的，能力是出众的，人格是有魅力的，甚至外在形象和谈吐都完全符合你的要求和审美。

不仅如此，自恋者对伴侣的评价之高，态度之积极，通常令人难以招架。可以说，此时的自恋者会将伴侣彻底理想化，甚至将其捧上神坛。

"他说我是他见过的最完美的女孩，再多的赞美放在我身上都不足以形容我的魅力。他甚至已经开始考虑我们的婚礼细节，包括蜜月期的环球旅行了。他愿意为我放弃一切，说我是他的女神。他那么优秀，各方面条件都特别好，竟然还对我这么着迷，我当时激动坏了，感觉像做梦一样。"

还记得之前多次提到过的首因效应吗？擅长利用首因效应，在相识之初给伴侣留下最好的印象，是隐蔽人格者的必备技能。

我并不是说第一印象不重要。但如果我们去评估一个人，自然不能只通过第一印象来断言。比如，隐蔽人格者都擅长在关系初始阶段对别人进行"爱的轰炸"，然而，很多经验不足的年轻人只顾享受被爱包裹的甜蜜，无法意识到背后潜藏的风险。

同时，我们每个人的社交范围实际上非常有限。我们不仅没有机会去结交足够多的新朋友，而且也很难透彻地认识一个人，容易被隐蔽人格者营造出的完美印象蒙蔽。

"自打毕业开始工作后，我便发现空闲时间真的很有限。本来自己就很懒，能多睡会儿就很满足了，更别提花时间去社交，去认识新朋友了。

"我和他确实聊得挺好，但就见了一次，后面都是线上聊天。他挺会关心人的，而且声音很好听，然后我们就确定关系了。"

许多临床心理学者认为，自恋者初期营造的完美人设是他们对"理想自我"的一种追求。他们会刻意包装自己，美化自己，让自己看起来无所不能，光彩照人。同时，他们口中所谓的完美伴侣形象，实际上也是他们自己的一种投射。

本质上，自恋者们爱的还是自己，伴侣只是恰逢其时出现的一面镜子。一旦这面镜子出现了瑕疵，或者说变旧了，自恋者们会毫不犹豫地抛弃它，去寻找另一面完美的镜子。

有国外学者曾用"巧克力蛋糕"来比喻和自恋者相处时的感受。一块巧克力蛋糕最初可能是香气浓郁，无比诱人的。就像与自恋者刚开始展开一段关系时，我们会对他们极其迷恋，也会对这段关系的评价非常高。然而，随着时间的推移，吃多了之后，我们就会有一些腻的感觉。他们会变得盛气凌人，会打压甚至操控我们，令我们感到痛苦。

越是自恋的人，在异性眼中越有魅力？

自恋者一般发型精致，打扮得很新潮，还会通过运动健身来保持身材，富有魅力。除此之外，自恋者举手投足之间流露出来的自信也会让他们看起来更可靠，更有吸引力。

研究还发现，女性喜欢自恋的男性可能是因为这些男性性格外向，而男性喜欢自恋的女性可能是因为这些女性外貌更出众。在短期邂逅中，人们会被与自恋人格相关的一些外在特质吸引。

自恋人格问卷得分高的人往往会投入更多时间来展现更好的自己。不管是男性还是女性，自恋者都会花费大量时间和资源去提升自己的外表：注重仪容整洁，穿着昂贵、时尚的服装。自恋的男性很少戴眼镜，而自恋的女性则会精心打扮，选择更有女人味的妆容、精致的眉形、适合的口红色号、更显身材的衣服。

自恋者为什么总能那么快找到新伴侣？

像其他隐蔽人格特征显著的人一样，自恋者也倾向于采用短期择偶策略。

研究发现，在排除了马基雅维利主义和精神病态的作用之后，自恋与短期的恋爱关系（游戏之爱、激情之爱、一夜情）以及朋友之间的性关系都存在显著的正相关。这意味着自恋者需要在所属群体内保持恋爱关系，哪怕是多段短期关系，以便维持其良好的自我感觉。

自恋者很少有感情的空窗期，在他们看来，空窗期不仅是浪费生命，更是对他们身上优秀品质的一种"耽误"。这很好地解释了为何自恋者普遍不能做到延迟满足。而在这方面，马基雅维利主义者相对做得更好，他们可以为了自己的终极目标而选择忍耐与等待。总之，在经历了关系初期的蜜月阶段后，当伴侣已经彻底被自己控制后，自恋者们便会开始搜寻新的

"猎物"。

自恋者的性胁迫

崇尚领导力和权威感的男性自恋者更有可能采用性胁迫策略。

研究发现,自恋的领导者和权威人士普遍享受他们的身份带来的特权,并认为自己有权与任何他们喜欢的人发生性关系。他们甚至狂妄到不会刻意隐藏自己的真实意图。这样的情况最有可能发生在政坛和职场中,也常见于娱乐圈中,比如电影导演和制片人会滥用自己的职权。

▲ 中期:开始打压对方的挑剔者

"你不知道我为了你错失了多少机会!你欠我太多了!"

"你这种条件的人,也只有我能忍得了。"

"我很吃惊,你跟我在一起,非但没有进步,反而还一直在退步。咱们现在的差距属实有点大了。"

"我身上这么多优点,就一点都不能影响到你吗?"

"你觉得现在的你,从方方面面来说,配跟我在一起吗?"

蜜月期一旦过去,当自恋者在关系中确立了支配地位,并且看到了伴侣相对真实的一面后——当那面完美的镜子不再完美时,自恋者的理想自我消失了,他们的幻想被打破了,他们会恼羞成怒。于是,自恋者们开始贬低、打压伴侣,彻底从风度翩翩的理想对象变成了尖酸刻薄的挑剔者。

自恋者的精神虐待——"我好,你不好"

朋友们在一起吃饭,如果有人说自己不吃香菜,或者有人说自己不爱吃葱姜的时候,总会听到这样的声音:"人家都能吃,就你不吃,你事儿真多啊。"家长也经常会对孩子说类似的话:"我早说什么来着!跟你说时你不听,现在傻眼了吧!"亲密伴侣之间,这样的对话就更频繁了。

"你怎么最近又胖了啊?脸上怎么还长痘痘了?晒得好黑啊!"

"家里到处脏乱差,为什么不收拾?你这副样子,除了我还有人能受得了吗?"

"你长这么胖还吃这么多,也就只有我不嫌弃你了。"

如果你从没听过这样的话,一时间就会有点无法接受。相较于生气,你更加惊讶。对方感觉到你可能生气了,于是立刻安慰你说:"我就是开个玩笑,你怎么这么不禁逗呢?别太当真。"

上述情况很可能是自恋者开始对你进行打压的信号。如果你还不能确定,可以再思考一下,你们的关系是不是这种模式:一方长期贬损另一方能力低下,表现不够好,不如自己优秀?这种打压形式不仅存在于恋爱关系中,也存在于父母之间、朋友之间以及职场中。

如果贬损和打压只是一次性的,后续再没有发生过,那么可以稍稍放宽心。而如果是长期的贬损,比如是明显的对人不对事以及进行人身攻击,那就需要引起足够的重视了。因为这很可能是自恋者刻意施加的精神虐待。

很多人可能会把这种情况当作开玩笑。的确,这看上去很像是在开玩笑。但开玩笑要有尺度,也要有底线。如果你听到某个玩笑(比如涉及家人或你很看重的事物)后,感到不舒服，那么你需要明确且严肃地告知对方，这个是你的底线，哪怕是玩笑也不可以触碰。

在我接触到的关于精神虐待的咨询个案中，关系中的一方普遍明显处于支配地位，这个人的态度就是一切，没有任何商量的余地。最终的结果就是，被贬损、虐待的一方百依百顺，唯命是从。看起来两个人是一个愿打一个愿挨，实际上他们处在完全不平等的位置。作为贬损方的自恋者不但不能提供支持和安慰，反而还会给对方一种信号：你就是做不好这些事，你就是不行。

久而久之，很多自我概念和自我认知尚未构建完好的另一半，尤其是女性，会出现习得性无助的情况：遇到打压基本不会反抗，而是默默承受。她们还会建立起长期的内归因模式，认为都是自己的问题，是自己不够好，进而产生精神内耗，自信心不断受打击。比如有的女性会把伴侣说自己身材和样貌不够好的话当真，不断减肥，甚至到了极度瘦弱、营养不良的状态，最终影响了自己的工作和生活。

在精神虐待的过程中，施虐者会经常讽刺、嘲笑、挖苦受虐者，甚至有时还会捏造受虐者的缺点。例如，妻子明明已经很漂亮了，丈夫还不满意，当着外人的面评价妻子："唉，她只能说很一般，没看到都有法令纹了吗？"这看起来是谦虚，实则是为了衬托更加优秀的自己。同时，施虐者还常常会不断强化自己完美的正面形象，进而加深受虐者的自卑，打击其自尊心。

此时，施虐者已经牢牢掌控了关系的主动权，受虐者只有言听计从，才能与之维持相对和谐的关系。受虐者已经形成了一种观念：只要我再听话一些，他就会对我更好。看到这里，相信不少读者可以联想起前文讲过的煤气灯操纵。是的，各种隐蔽人格的共通之处非常多。

自恋者通常是如何对他人进行精神虐待的？

"你想多了"是他们经常挂在嘴边的一句话，尤其是当受害者提出自己很受伤时，施虐者往往会否认事实，并且拒绝进一步沟通。

施虐者的语气普遍是冷漠的，同时往往言行不一。他们会大吼大叫，摔东西，然后敷衍地对受害者说一些"我不是针对你""我就是心情不好""你不要小题大做"等推脱性的话。另外，自恋者非常善于否定伴侣的人格。无论大事小事，他们都会表达出一种态度：你的作用真的很小，你不够优秀，你的能力不行，你毫无价值。

本质上他们就是在说一句话："我好，你不好。"

留下还是离开？

首先要做的是，认清自己是否正处于一段精神虐待的亲密关系中。你需要评估几个方面：是否在关系中总觉得受到威胁、被支配，甚至感受到羞辱，个人价值被贬损，或者常常感到孤立无援。如果是，或许你已经建立了一种自动化自我负罪的模式，也就是我们常说的内归因模式。你会认为一切都是自己的问题，是自己不够好。此时，你应该改变认知，这样想：自己在这段亲密关系中，即便有问题，也并不需要负全部责任。我们不能也不应该代对方受过。

其次，你要评估一下，是否可以及时止损。很多受虐者选择继续容忍、配合施虐者的原因是"他之前不是这样的""过段时间，他就会变回原来那个温柔的他"。有这种想法很正常，但如果你一而再，再而三地这样自我说服，最后你可能就会彻底失去逃离这段关系的勇气。承认自己所爱或者曾经爱过的人不好，也许是一件很难的事，这种认知失调会让我们感到痛苦。即便如此，我们还是应该及时止损，保护好自己。

另外，很多受虐者实际上是非常害怕冲突的。他们为了避免冲突，经常会过度顺从，不会反抗对方所说的一切。长此以往，他们会习惯性地顺从甚至讨好对方。可是他们内心真的是这样想的吗？大多数受虐者都是极度压抑的。其实对于多数人来说，一些文化道德的束缚让他们习惯于压抑自己，甚至自己说服自己："嗯，我就是这么想的，我可没有压抑自己。"他们会习惯性否认，甚至不允许别人提醒自己的压抑。这实际上是一种"不良的平衡"。受虐者一直委曲求全，而施虐者只会变本加厉、更加肆无忌惮。因此，为了不再受到伤害，受虐者要勇于面对冲突。

当然，如果经过评估后，你认为确实存在很多自己无法解决的问题和障碍，也可以进行专业的心理咨询来获得帮助。如果这样还不能解救自己，就真的可能万劫不复了。

▲ 后期：准备抛弃，随时离开

"跟我在一起你不会觉得不好意思吗？我甚至不想再看你一眼。"

"这样下去对咱们都不好，你会影响我未来的发展。"

"咱们不是一个世界的人，各方面差距都太大了，拜托你放过我好吗？"

如果说自恋者在前期会把你当作神一样来崇拜和宠爱，让你沦陷，无法自拔，那么到了后期，他对你可以说是嫌弃至极，不愿意再投入一点时间和精力，接下来就要抛弃你了。

我的一个来访者的原话是："最早他看我就像看他自己，怎么看怎么喜欢，所以我就是god（神），我说什么就是什么。而现在他看我怎么看都不顺眼，所以我就成了dog（狗），他只想把我抛弃。"这个比喻虽有些夸张，但也非常形象。

这个阶段的自恋者已经原形毕露，他们不再在乎自己在伴侣眼中的形象。相反，一旦他们的自我概念受到伤害，他们就会表现出明显的攻击行为，会突然暴怒，大吼大叫、摔东西。这是自恋受损后的典型行为。

我在前面提到过，自我概念不仅包括自恋，还包括自信、自尊和自卑等元素。这些概念很难完全区分界定，但它们都基于自我本身。而自恋者是绝对不允许他们的自我受到任何侵犯的。一旦受到威胁，他们就会直接做出攻击行为。

"有一次，我们去营业厅交宽带费。他本身就讨厌排队，认为就应该给他安排一个绿色通道，所以一进大厅嘴就没停过，一会儿说人家工作效率低，一会儿又说缴费机制不合理。好不容易轮到我们了，但因为证件没带全,没办法当天办理。他说让营业员通融一下,人家没同意。结果他就急了,把桌子直接掀翻,然后大吼大叫,还责怪我没带齐证件。我当时吓得动都不敢动一下。"

美国社会心理学家约翰·多拉德等人曾经提出过一个解释攻击行为的经典理论:挫折攻击理论。他们认为我们的攻击行为来自我们自身感受到的挫折。我们受到挫折后,就会立刻产生愤怒情绪,而愤怒情绪会引发我们去攻击他人,比如攻击比自己层级低的人或事,以此来缓解生理上和心理上的紧张感。

在人际关系中,被拒绝、被贬低、被打压、被侮辱等行为,都会让我们产生挫折感。在上述的营业厅案例中,对自恋者来说,排队意味着不被尊重,对他来说是第一波挫折。紧接着是证件没带全,这种疏忽算是第二波挫折。之后,营业员坚定的回绝态度使得自恋者的自尊心彻底受挫。经历了三重挫折,还要尴尬地应对大厅里其他人的眼光,他做出攻击行为也就解释得通了。

自尊、自恋、自卑、自信等实际上是自我呈现出的多个剖面。其中自卑更多源于原生家庭的经济水平、早年经历以及一些外在因素,例如外貌和身材,同时也受到后天因素的影响,比如受到了校园霸凌等不良反馈和挫折。但自卑的个体很少具有攻击性，他们相对是弱势且安静的。

具有攻击性的往往是自尊水平过高的人，他们容不得被批评，因为批评意味着受挫，会让他们产生急需排解的负面情绪和压力。

良性的自恋者则完全聚焦于自身，别人的评价其实很难影响到他们。他们爱自己，会通过自拍、注重自身形象等正常的行为来管理个人印象。

但很多自恋人格后期发展得趋于极端。尤其是在亲密关系中，他们过于强势而伴侣过于顺从，因此他们会变得越来越刻薄，听不进去任何批评的声音，越来越难以接受自己的不完美，甚至不允许自己犯错，更不要说他人犯错了。他们的自恋中包含了越来越多的自尊成分，自我概念出现了复杂的交织情况。

当自恋者的打压已经不局限于言语，开始转移到精神层面的时候，我们就要考虑，是时候结束这段关系了。当然，此时的自恋者们也随时可能结束这段关系。在此我提醒受害者，要做好离开自恋者或者被自恋者抛弃的心理准备。

真正的关系在即将结束或解离时，往往存在四个重要信号。它们可能出现在亲密关系中的任何阶段。

△ 信号1：批评指责

典型表现：对人不对事，一定要上升到对他人的指责上。

"你总是不做家务！你怎么天天这么懒？"
"整天瞎忙也不赚钱，你活该受穷！"
"这件事就是你的问题，换别人的话早就办成了。"
"看不出来我不开心了吗？你的眼睛是用来做什么的？"

他们的每句话都是在攻击对方的人格和自尊，会给对方带来极大的伤害。

△ 信号2：轻蔑和鄙视

典型表现：这是批评指责的升级版，扩大了负面情绪，轻蔑不仅指向伴侣，同时贬低了伴侣的亲朋好友，否定了伴侣的一切。

"家里人是怎么教你的？你们一家人都这么懒吗？"

"你还知道回来啊？天天就知道跟你那帮朋友鬼混，怎么不让他们带你挣点钱？"

"就这样？连你都能干成，那这件事确实没什么难度啊。"

"我是真没想到你竟然能坚持到现在。"

自恋者总是用一种毫不费力，甚至是轻描淡写的态度表达轻蔑和鄙视，这更能体现出他们对伴侣的不在乎。

△ **信号3：直接防御**

典型表现：自恋者已经毫不在乎自己在伴侣眼中的形象了。以前的他们可能会精心准备一场庆祝仪式或者一顿烛光晚餐，而现在他们甚至连约会都会迟到。当伴侣质问他们为何迟到的时候，他们会找各种理由为自己辩解。

"你连今天也要迟到吗？今天是咱们的结婚纪念日。"

"不是我的问题啊，这不是要先去给你买礼物嘛！可是你想要的这个东西不好找啊，要不然我早就到了!"

这里还有一层言外之意：我的迟到都是因为你要求太多，难以满足。实际上，自恋者是在说："这不是我的问题，而是你的问题。"这也是一种典型的"我好，你不好"或者"我不好也是因为你先不好"的模式。

△ **信号4：筑墙**

此时的自恋者已经不再主动和伴侣谈话，他们对伴侣的态度符合"三不"原则：不关心，不沟通，不解决。

"他只顾玩手机，根本不理我，仿佛我是空气。他连信息也不回，甚至在家的时间都是和我错开的，见到了我也有意回避，这不就是冷暴力吗？！"

上面提到的这四个信号是亲密关系领域经典的"分手四骑士"，是亲密关系出现问题的四大预兆。这是由心理学家约翰·戈特曼等人总结的。需要说明的是，这并不是自恋人格独有的特征，"分手四骑士"可以出现在任何隐蔽人格者的亲密关系中。

"分手四骑士"的灵感源于《圣经新约·启示录》，其中一章描绘了世界末日的情境。当那天来临的时候，会有羔羊揭开七个封印，召唤出天启四骑士。这四位骑士分别叫作瘟疫、战争、饥荒和死亡。他们的到来预示了末日的来临。

谁也不希望自己的亲密关系发展到末日来临的那一天。这正是我将分手四骑士放到了自恋人格部分的原因。相较于其他的隐蔽人格，自恋人格是对亲密关系危害最轻的一种。

因此，不管你是第一次了解到分手四骑士，还是之前就已经听说过，都应该进一步领悟这个理论。或许道理我们都懂，但真正落实到行动上却很难。我们都需要及时地察觉这些迹象，这对亲密关系的经营和维持非常重要！

自恋的人与什么样的人最相配？

当下，心理学领域并没有对自恋类型进行科学的分类，往往都是心理咨询师们根据自己的经验提炼出一些分类。就我个人而言，我会更加看重自恋人格在亲密关系中的动机和地位。动机是我们行为背后的驱动力，可以在一定程度上解释我们为何会去做某件事，比如为何会进入一段亲密关系，为何会找寻具有特定特征的伴侣。而地位则是自恋者进入亲密关系后最为看重的东西之一。

根据上述原则,结合我累积的咨询个案,我将自恋类型简单分为支配型和救世主型。

支配型自恋是本章介绍的典型代表,也是自恋人格中占比最多的一类。支配型自恋者极度在乎自己在关系中的地位,不允许出现任何质疑的声音,不允许别人提出问题,一旦感受到了危险,他们就会暴露出残忍而现实的一面。

而与支配型自恋人格最匹配的就是讨好型人格。讨好型人格的特征是喜欢把对方的需求放到第一位,认为顺从就可以得到对方的喜欢和认可,害怕对方生气,不敢坚定自己的立场以及不会拒绝他人,等等。这恰好符合支配型自恋人格的需求。因此,支配者与讨好者会形成"一唱一和、一个愿打一个愿挨"的和谐状态。如果双方长期处在这一模式下,且均无适应不良的身心反应,那么,原则上这是良性匹配,我们并不需要打破这种平衡。

而救世主型自恋者确实有足够优秀的条件和出众的能力,同时也很清楚自己的定位和状态,因此他们并不需要获得他人的认可。相反,他们的责任心水平过高,会认为自己有义务去帮助那些(在他们眼中有)有需要、有困难的人。所以,与救世主型自恋者最为匹配的是那些经常表现出低落状态,无上进心,甚至自暴自弃的人——他们往往表现出与当下流行的"丧文化"相似的特征。

这种结合呈现出了"一追一逃"的局面。一方是拼命希望去帮助,甚至是拯救对方。在救世主型自恋者的眼中,对方的未来是充满希望的,是可以变得更好的,他们不希望对方终日垂头丧气,被生活打败,因此会想方设法帮助他们走出阴霾。而另一方坚决地拒绝帮助,不需要任何人的关爱,不希望任何人插手自己的生活,他们会拼命地逃,一直沮丧下去。这种组合模式也属于良性匹配,在双方都没有身心困扰、都不觉得痛苦的前提下,并不需要干预。

接下来是我总结的相对不良的三种自恋类型。

软饭硬吃型

这类自恋者普遍受到传统的原生家庭的影响。尤其是男性,在重男轻女的封建思想中成长,他们获得了过多的关注和溺爱,几乎不用承担过多的家庭负担,因此责任心水平普遍偏低。同时由于父母过度溺爱,他们往往目中无人,因为父母总是夸他们是优秀的、特殊的,即便自己的能力不够,他们依旧会认为自己是杰出的。而正是这种后天建立的特权,会使他们进化出一种极端的优越感。进入亲密关系后，他们依旧会表现出颐指气使的态度，即便自身能力平平，也要在家中保持绝对的支配权。

值得一提的是，他们对外人普遍会很"客气"，经常当着外人的面指责自己的伴侣不够好。在外面受到冷落和排挤后，他们回到家会把情绪毫无顾忌地发泄出来，属于典型的"窝里横"，所以我称之为软饭硬吃型。

认知缺陷型

这类自恋者对自己各方面的能力都过于自信，他们认为自己应该永远是全场的焦点。有趣的是，很多人有这样的想法只是埋在心里，而他们却敢说出来，而且非常喜欢当众展示，并且不会怯场，人越多他们就越兴奋。如果我们回看十几年前的选秀节目，尤其在第一轮的海选阶段，可以看到很多让我们啼笑皆非的表演，甚至其中很多片段被网友作为素材剪辑进了搞笑视频合集。实际上那些人并不是刻意哗众取宠，他们是真的认为自己很优秀，很希望能站在舞台上向大家展示自己。只不过他们对优秀的理解和节目组的标准并不匹配。这是由于他们的眼界和视角有局限，而其中的原因很复杂：有文化和教育方面的差异，也有地域发展上的差异。这些差异会导致他们没有建立完善的自我认知体系，缺乏适当的参照标准框架。没有人告诉他们，什么是好的表演。对他们来说，能唱出来，能跳出来，就已经很优秀了。

值得一提的是，在当下互联网短视频文化的影响下，又衍生出了一些"异类"。他们故意进行非常浮夸的表演，就是为了博得流量。其实他们自己很清楚自己的水平，因此并不算是认知缺陷。

冲动攻击型

我多次强调过，冲动的人很容易出现类似精神病态的特征，这是非常危险的。大量研究都证实了精神病态是最为恶劣的隐蔽人格。试想，一个自恋且极具攻击性的人会在亲密关系中对伴侣造成多大的伤害。

因此，对于冲动攻击型的自恋者，要尽可能做到：早识别，早远离。

自恋人格与自恋型人格障碍

几年前，娱乐圈中爆出一则新闻，称当事人患有"自恋型人格障碍"。

事件一经曝光与发酵，网上顷刻间出现了大量关于"如何在日常对话中识别出自恋型人格障碍者"的内容，自恋型人格障碍这个概念火爆全网。我们这里不评价当事人是否存在自恋型人格障碍，只讨论关于自恋型人格障碍的使用问题。

首先，自恋型人格障碍是一种临床性诊断的结果，是一种人格障碍，诊断的依据是《精神障碍诊断与统计手册》。

其次，即便我们了解《精神障碍诊断与统计手册》中的标准，也不能擅自做出诊断，因为我们不具有专业的临床精神科背景。即便是心理咨询师，如果他没有医学背景（普遍是没有的），也是不可以做诊断的。请切记，需要去医院的精神科进行诊断，只有精神科大夫才有诊断资质。

最后，我们日常生活中的自恋，更多表现为亚临床自恋特质。正如之前强调的，每个人都多少有些自恋的表现。我们可以说一个人很自恋，不管是那种吸引人的自恋，还是让我们厌恶的自恋，只要没真正影响我们的生活和身心健康，就都没有问题。但用自恋型人格障碍来给他人贴标签并不科学，也不合理，所以不提倡。

表现出自恋人格特质不一定是患有自恋型人格障碍。而区分自恋人格和自恋型人格障碍最关键的标准只有一点：是否有自知力。

自知力指的是我们对自身精神状态的认知能力，即能否察觉或识别自己有问题，或者精神状态不正常。自知力完整的人通常能够认识到自己患了病，知道自己需要治疗，并积极配合医生治疗。而精神病患者一般具有不同程度的自知力缺陷，总认为自己很好，没有问题，不需要任何治疗。

所以，如果你身边的自恋者能够意识到自身的自恋特征，甚至可以开玩笑自嘲，那就基本可以排除他存在自恋型人格障碍的可能。

以下是《精神障碍诊断与统计手册》中对自恋型人格障碍者的描述。

1. 对批评的反应是愤怒、羞愧或感到耻辱（尽管不一定当即表露出来）。

2. 喜欢指使他人，总是想让他人为自己服务，特权感极强。

3. 过分自高自大，对自己的才能夸大其词，希望受到他人的特别关注。

4. 坚信他关注的问题是世上独有的，多数人无法理解。

5．对无限的成功、权力、荣誉或理想爱情有不切实际的幻想。

6．认为自己应享有他人没有的特权，自己是绝对特殊的。

7．渴望持久的关注与赞美，哪怕是过度赞美。

8．缺乏同情心。

9．有很强的嫉妒心。

10．亲密关系（包括婚姻关系、亲子关系、友谊等）出现问题。

需要说明的是，以上条目也会随着临床研究的进展而不断变化。我们不必对号入座，也不要据此恶意给他人贴标签。

03

以崭新的视角
与爱人建立亲密关系

十一

从隐蔽到和谐

看到这里,相信你对本书涉及的四种隐蔽人格已经有了比较深入的了解。

确实,早在20年前就有学者将马基雅维利主义、精神病态以及自恋人格统称为"暗黑三人格"。随着相关研究的深入,施虐狂也被纳入暗黑人格的范畴,形成了"暗黑四人格特质群"。

我之所以将它们称为"隐蔽人格",而不是直接翻译为"暗黑人格",一方面是基于我近10年在人格心理学与亲密关系领域所开展的相关研究的一些总结和反思,另一方面也是考虑到了将西方研究结果应用到本土文化需要做出的一些适应性调整。

东方文化中的内敛与社交的隐蔽性

首先,因为从小受到传统的东方文化的影响,集体主义中的一致性刻在了我们的骨子里。即便当下互联网拉近了全人类的距离,我们也依旧能明显感受到东方文化与西方文化之间的差异。

西方文化强调个性与张扬,很多在我们的语言环境中难以直接表达的词语,在西方可以轻而易举地说出来。如果将 dark personality 直译为"暗黑人格",会营造出一种莫名的紧张感,令人恐惧。我们甚至会担心这意味着人们只有在月黑风高的时候才会把自己的黑暗面暴露出来。尤其是在亲密关系中,谁会希望和一个具有暗黑人格的伴侣一起生活呢?他会不会在我睡着的时候,突然"暗黑发作",伤害我呢?要知道,东方文化非常喜欢且擅长"顾名思义"地对一个概念进行联想和解读。因此,当我最初试图在国内核心期刊发表相关论文的时候,听到不少国内审稿专家质疑"暗黑人格"这种译法。

有不少学者曾经建议将这个词组翻译成"厚黑"。"厚黑"一词源于民国时期李宗吾先生的《厚黑学》一书,百年间广为流传,有着更好的文化基础。然而,"厚"的通俗含义为"脸皮厚","黑"则表示"心黑"。"厚黑"的终极目的是,通过厚而无形、黑而无色的方式在交际中游刃有余，左右逢源，进可获利，退可无损。虽然有诸多证据表明许多能人志士和英雄豪杰（如项羽、曹操等）都有厚黑的一面，但在传统文化观念中，对"厚黑"的评价也是倾向于贬义的，尤其是在职场中。因此，"厚黑"与"暗黑"在情感色彩方面并无显著差异。

我在本书的开篇就讨论了关于人性善恶的问题。人都是"复杂现实人"，而这个前提是中性的。于是，带有贬义色彩的"暗黑"和"厚黑"都被我舍弃了，取而代之的是不含褒贬色彩的"隐蔽"一词。

隐蔽，意为借助别的东西遮盖、掩藏，而且藏得比较深，不容易看出来。而人格和人格面具的词根是相同的，面具本身也是个中性词。我们可以在不同的环境中戴上不同的面具，扮演不同的角色，本质上是没有好坏对错之分的。

这样一来，"隐蔽"与"人格"都具有中性色彩，就这么被巧妙地结合起来了。而本书也一直强调一个观念：严格意义上来说，我们每个人都有隐蔽人格，只是程度不同。

夫妻才是家庭的核心

家庭的核心是夫妻。这一点很多人是不清楚的，尤其是在有了孩子以后。孩子的到来，使得家庭的重心和关注点都转移到孩子身上。从孩子一出生，甚至尚未出生时，家长们就开始提前规划孩子的未来：吃什么营养餐，上什么早教班，要给孩子传递什么样的价值观……这让父母始终处于慢性焦虑的状态。

为孩子提前进行规划并没有错，只是我们的生活重心跑偏了，忘记了什么是家庭的"核心"。我们应该努力做好父母，但更应该用心当好夫妻。

几十年前提出的家庭系统理论就在强调家庭中夫妻的核心地位。夫妻子系统也是家庭系统正常运行的根本，是后续其他子系统建立的前提。例如，夫妻子系统可以衍生出横向的亲子系统以及同胞子系统。良好的亲子关系和同胞关系都需要以理想的夫妻关系作为前提。

很多父母向我咨询孩子发展的问题，他们过度关注孩子在学校中表现出的不良行为，认为那些问题都是非常严重的，甚至存在极大风险，但他们忽视了这些不良行为产生的根源其实在他们自己身上。

父母作为孩子的第一任老师，起到的作用是巨大的。父母的言语、表情、情绪和行为都会直接传递给孩子，会被孩子模仿和学习。这就是最简单的行为塑造过程。而父母传递出的信息，不管是积极还是消极的，都会被孩子一股脑地吸收。因此，孩子就是一面镜子，一面展现家庭中父母关系的镜子。而父母关系，说到底就是夫妻关系。

夫妻关系是亲密关系领域的重要组成部分，同时也是本书的核心内容，占据了最多的篇幅，也是我研究最多、最深入的领域。

伴侣间的理想互动

一些细心的读者或许会察觉到，整本书我十分偏好使用"伴侣"这个概念。在我研究的对象中既有已婚夫妻，也包括未婚情侣，甚至涉及了性少数群体，因此我统一用伴侣这个概念，尽量做到客观且能够覆盖更加广泛的亲密关系群体。

伴侣互动是伴侣关系中最为重要的内容之一。

我们每天和伴侣的沟通时间是多久？你在沟通过程中感觉费力吗？你喜欢主动跟伴侣沟通吗？这些问题或多或少能体现出伴侣互动的质量。

伴侣互动主要包含了观念互动、情感互动以及行为互动三个方面。

观念互动涉及伴侣之间在价值观、理念以及认知层面的交互。有学者提出了"同征择偶"的概念，指的是我们会选择那些在人格特质上与自己相似或互补的伴侣，同时也会考虑选择那些与自身社会地位以及阶层相似的人，即遵循门当户对原则。

研究发现，伴侣双方如果价值观较为一致，他们的关系也会更好。而价值观属于个体认知层面的外在表现，因此可以推断，倘若双方在认知层面没有产生明显的冲突，就可以较好地相处。

而我们的人格特质在某种程度上也影响了我们的认知。因此研究也更倾向于支持"人格相似度越高，对关系越有利"这样的结论，尤其是在亲密关系建立的初期。

我的研究团队这些年对于伴侣隐蔽人格相似性的研究也基本验证了上面的观点：伴侣的隐蔽人格相似性越高，他们的亲密关系质量就越好。而这个高相似性，又包含了两种可能。

一种可能是伴侣双方在隐蔽人格上的得分都很高（双高得分），另一种可能是伴侣双方在隐蔽人格上的得分都很低（双低得分）。虽然"双高"和"双低"都是高相似性的表现，但却源自不同的心理机制，会在亲密关系中有不同的表现。

简单来讲，同样是"高相似性"，"双低得分"的伴侣有着更一致的理念和价值观（观念互动），他们之间的情感表达更丰富，彼此可以很好地共情对方（情感互动），同时也很擅长主动地沟通（行为互动）。这些因素会同时促进伴侣之间的关系质量和关系满意度。显然，这是一种极为理想的互动模式。

而"双高得分"的伴侣之间会出现更复杂的局面。

在关系初期，尤其是在马基雅维利主义和自恋人格方面"双高得分"的伴侣观念上大体一致，亲密无间，相处和谐，因此对彼此的关系非常满意。毕竟双方都擅长利用首因效应，给对方留下最好的印象。然而，随着关系的深入，隐蔽人格特征会逐渐显露。他们在意识到对方跟自己是一类人之后，并不会因为彼此争夺主导地位而感到沮丧，反而会因为对方跟自己势均力敌，有着类似的沟通模式，而能与之达到一个平衡的共生状态。他们会把注意力和资源更多地放在对外关系上，比如会在职场中展露更大的野心，或者想要通过与其他人交往来满足自己的掌控欲。

而精神病态和施虐狂人格则表现出另一种模式。我们的研究发现，精神病态者和施虐狂都具有一定的攻击性。不同之处是，前者更倾向于表现出冲动性的攻击行为，而后者更多的则是享受攻击行为带来的快感，因此他们可以为报复某人而精心周密地布局很久，并不急于攻击他人。

而如果伴侣双方在精神病态和施虐狂这两种隐蔽人格上的

得分均很高，问题便会出现。两个精神病态人格显著的人之间的关系往往很难持续太久，因为他们都无法得到足够的暴力满足。而施虐狂人格特征显著的人对关系的满意度要根据双方在施受虐角色上转换的灵活性而决定。如果转换得顺利，他们的关系是可以持续下去的，而如果转换得不顺，精神病态者更容易占上风。

值得一提的是，在长期关系中，隐蔽人格是可以改变和完善的。我的研究团队对 260 对已婚夫妻开展了 3 年的追踪研究，发现婚姻质量是可以在一定程度上改善伴侣的精神病态的。而在这个过程中，沟通（尤其是言语沟通）非常重要。

心理学通则下的个体差异

不同于其他学科，心理学的研究对象是人，而人是极为复杂的。

比如，我们想研究人的情绪，但人的情绪走向每天都不同，甚至同一天的不同时段都存在变化和波动。我们需要建立一个基线，确定标准，同时还要考虑各种复杂的环境因素（如人口密度、声音嘈杂度等），需要控制的因素太多，因此，大量的心理学研究无法被后续学者重复验证。这也是心理学的科学性一直被质疑的重要原因之一。

此外，就人格的测量来说，普遍是参与者自己评价自己，主观性较强，而且很多参与者会顾忌社会赞许性（过于在意他人怎么看自己，进而不会真实填答）。因此，很多人格测试的一致性（信度）是无法保证的。也就是说，可能今天测的结果和昨天就是不一样的，而明天又是另一个结果。一致性都无法保证，那自然就更不能谈准确性（效度）的问题。

所以，几乎所有心理学研究的结果只是一个符合相对多数人的"通则"。换句话说，如果有人认为某项研究结果和自身情况不符，这是完全正常的。因为研究不可能考虑到所有因素，尤其是个体差异的问题。

人们在自评问卷中往往会刻意隐瞒那些隐蔽特征，会选择那些符合大众期待的选项。而只有进入亲密关系或较为深入的人际关系时，他们才会卸下防备，暴露出隐蔽的一面。

有意思的是，隐蔽人格特征显著的人，他们的颜值并不一定具有吸引力，尤其是男性。有研究把隐蔽人格得分高的男性面孔展示给女性看，结果发现，这些男性非但不会受到女性的青睐，反而会被女性厌恶。

隐蔽人格之间的关系

总体而言，几种隐蔽人格的共同特征是显而易见的，且彼此之间存在重叠。

有学者将马基雅维利主义、自恋型人格和精神病态人格的共同之处及其关系以三角的形式呈现（见图3）。可以看出，马基雅维利主义和精神病态人格之间的相关度最高（0.58），而自恋型人格和它们的关联度较低（0.34/0.38）。目前尚未有研究将施虐狂人格纳入考量。

在我看来，由于施虐狂和精神病态者都具有高攻击性，二

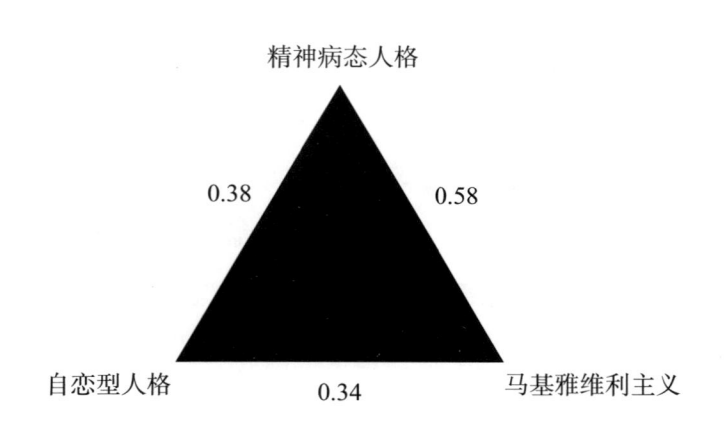

图 3

者必然会呈现最强的相关性。马基雅维利主义者最具目的性，也相对最能沉得住气。而自恋或许是最上位的隐蔽人格。因为无论是操纵他人、展现暴力、体现支配还是享受他人的痛苦，所有这些行为的最终目的都是利己的，都是为了凸显自己至高无上的优越感，而这些都是自恋型人格者的典型特征。

十二

构建统合性人格，在亲密关系中获得滋养

在本书的最后一章，我希望你可以跳脱之前的隐蔽人格框架，以一个更上位的视角来重新审视我们的人格。

我们终其一生都在追求自身人格的完善和发展。我们绝不能以静态的视角去观察人格发展的过程，也不能单纯以善恶来判断不同的人格倾向，而应该以动态统合的方式去综合评估人格的发展与变化。

人格的发展是离不开关系的，或者说是离不开人际关系的。人只有在与他人互动的过程中才能真正展现出自己人格的全貌。接下来我就以人际关系为切入点，逐一分析人格的四大特征。

人格具有稳定性和适应性，兼具多元性和灵活性。

🔲 适应性

人类在不断进化的过程中，需要选择出那些优质的基因。而优质的评价标准之一，就是如何更好地让自己的后代生存下去。因此，符合生存法则的任何特征都被认为是人类需要的。一个人具备某些生存技巧，可能是因为遗传，也可能是后天习得的。随着时代不断地发展，"活下来"不再是一种高难度的挑战，如何"活得更好"逐渐成为人类追求的新目标。这标志着人类从"生存阶段"彻底转向了"适应阶段"。而隐蔽人格让人在生存阶段顺利存活，在适应阶段"活出精彩"。

还记得詹姆斯·邦德的致命吸引力吗？那种呼之欲出的男性魅力、可以随时为你挺身而出的魄力以及冷酷的外形？还记得乔布斯想尽办法，就是为了拿到属于自己独一无二的象征符号吗？或许你认为他极度自恋，但不可否认的是，苹果手机的成功跟他本人超强的影响力是分不开的。跟这两位相比，特朗普身上的隐蔽人格更为复杂，甚至有学者认为他是隐蔽人格的集大成者，身上几乎存在所有隐蔽人格特征的影子。既然如此，他为何还能被选为美国总统呢？

"不敢相信我们选了个人格障碍者当总统。"

"问题是，如果你没有人格障碍，你又怎么能当总统呢?"

美剧《心灵神探》(*Mind Hunter*)中的这个片段幽默又不失讽刺意味,向我们揭示了一个道理:越是竞争残酷,隐蔽人格就越能发挥适应性优势。毕竟,为了夺得最终的胜利,人们是可以不择手段的。而道德感、愧疚感以及共情这些人类的高级品质,在面临生存和残酷竞争的时候,作用并不明显,甚至会起到反作用。

弗兰克·安德伍德是美国经典政治剧《纸牌屋》中的主角。我认为他的第一次出场体现了教科书级别的角色刻画。面对一只躺在地上奄奄一息的狗,弗兰克果断地用自己的双手结束了它的生命。他说:"痛苦分为两种,一种能让你变得更强,另一种毫无价值,只是徒增折磨。而我对毫无价值的东西一点耐心都没有。这时候就需要有人采取行动,或者做一些虽不太令人愉悦,但却十分必要的事情。"然后他起身,用一个非常"合理的"理由向刚到现场的狗主人解释。

短短一分钟的出场镜头,淋漓尽致地展现了男主角身上的隐蔽人格特征。他足够现实,也足够果断。这些特征在关键的决策过程中都是极为重要的。具有类似特征的人无论是在政界还是在商界,都更有可能出类拔萃。而在精英文化中,最致命的就是优柔寡断。

此外,他们还需要有极强的情绪感染力,尤其是在现场演讲时,要能够将兴奋、自豪这些积极情绪以及愤怒、担忧这些消极情绪通过肢体动作和手势等传达出来,唤起民众的情绪,从而引导和操控民众的行为。

回到现实生活中,我们身边可能并没有如此极端的隐蔽人格者,但在职场中我们或许可以看到类似的人:他们工作可能并不是最出色的,但和上级的关系一定是最紧密的,因此他们如鱼得水,可以顺利地升职加薪。在学校里,我们也能够看到很多学生和老师走得很近,从而可以获得更多的发展机会。当然,他们的学业成就也会更高。

而在亲密关系中,有些人哪怕并没有真正付出什么,但他们就是能够依靠自己的花言巧语来俘获伴侣的芳心;哪怕他们事业上并不成功,回到家也依旧可以得到伴侣的认可。相比之下,那些在感情中付出了很多却不善言辞的人,往往会费力不讨好。

🎁 稳定性

江山易改,本性难移。这句经典的古话经常出现在人格心理学的教科书中。意思是说,人格一旦形成,是很难改变的。我们也经常会用"狗改不了吃屎"来评价一个人很难改掉恶习。

人格是我们在对人、事中表现出的能力、气质、性格、需要、动机、兴趣、理想、价值观等方面的整合。我们的能力是最为稳定的，或者说是先天确定的。后天通过学习能够得到提升的更多是技能和知识，但本质上与能力无关。人的气质和秉性也是相对稳定的，一个脾气差的人会比情绪相对稳定的人更容易被激怒。

而性格是人格的一个剖面，也是人格的一种外在表现。虽然性格整体而言相对稳定，但也会随着环境的变化而变化。例如，在十几年后的中学同学聚会上，大家发现原来特别爱说话的某个同学如今变得少言寡语。可能是某个重大生活事件彻底改变了他，也可能是他在长期亲密关系中受到了伴侣的影响，等等。

确实有研究发现，我们的人格虽然稳定，但从长远角度来看，还是有可能变化的。前提是观察的时间足够长，要以年为单位计算。哪怕是隐蔽人格，也存在改变的可能。上面提到过，我和研究团队对 260 对已婚夫妻开展的研究就佐证了这一点。

多元性

前文提到过，人格面具是个中性词。我们一生中要扮演许多不同的角色。而要扮演什么角色，戴什么样的面具，取决于我们所处的环境。

多重角色面具使我们的人格发展呈现多元性和丰富性。

小刚是一家初创企业的副总裁，企业成立至今3年有余。在此期间，他除了忙于公司的日常运营以外，还开启了新的角色——父亲。他每个工作日的日常是，早晨5点半起床，游泳后吃早餐。从7点半的晨会，直到15点，他都会完全聚焦于工作。16点他会准时回家跟妻子一起做饭，确保17点可以开饭，这样晚上可以有3小时的时间撰写博士论文以及与导师沟通。周末他则会抽出一天时间去探望双方的父母，或者出席一些重要的社交活动。

在他看来，他要扮演的角色包括副总裁、丈夫、父亲、儿子、朋友以及学生。按他的话来说，每个角色他都是非常享受其中的。在工作时，作为副总裁，他表现出了必要的决策力、领导力以及沟通能力。在家中他可以温柔地对待妻子和孩子，和妻子一起准备晚餐。在跟导师沟通的时候，他作为学生，十分谦卑，充满求知欲，足够勤奋和上进。周末他则展现出了孝顺的一面，会陪伴长辈吃饭、看电视、下棋等。在和朋友相处时，他会耐心倾听，愿意去理解每个人不同的工作和生活态度。

人格特质理论的代表学者高尔顿·奥尔波特提出了人具有三种特质：首要特质、核心特质和次要特质。

首要特质是一个人最重要的特质，决定着一个人如何组织生活。它在人格结构中处于支配地位，具有极大的弥散性和渗透性，影响到个人行为的几乎所有方面。比如富有创造力是爱迪生的首要特质，多愁善感是林黛玉的首要特质。同时奥尔波特认为，首要特质未必是每个人都具有的。拥有首要特质的人，一般会具有鲜明的个人特色标签。

核心特质是代表一个人主要特征的特质，每个人都有若干彼此相联系的核心特质，比如诚实、乐观、勤奋和责任感，它们共同构成独特的人格。核心特质不是唯一的，且同时具有积极的和消极的特征。乔布斯在自传中就承认自己是一个自恋、高效、贪婪、果断且无情的综合体。隐蔽人格便处于这一圈层。

次要特质不是我们身上的主要人格特质。它相对最不明显，对个体行为影响不大。与首要特质和核心特质相比，次要特质的范围更加狭窄和片面，也更具个体差异色彩。它包括一个人独特的偏爱（比如对某些食物、衣着的偏爱）、一些行为倾向（比如喜欢跟风、容易被煽动情绪）以及受环境影响的特质（如害怕某种昆虫）等。

一些不太明显的隐蔽人格也存在于次要特质中。这便解释了我们为何会共情那些"坏人"以及为何会发生"男人不坏、女人不爱"的现象。

📦 灵活性

人格的灵活性可以说是一种弹性，一种在不同角色之间转换的弹性。人们可以根据环境的需要，自如地切换不同的角色，同时又不会出现功能紊乱和临床身心症状。

灵活的前提是拥有足够的多元性，也就是要扮演足够多的角色并且对于每一个角色都发自内心地认可，就像小刚一样。

> "我经常反思自己，有的时候会让工作上的强势感入侵我的生活。我十分清楚，家人之间相处是需要柔情的。所以我经常会和妻子沟通自己近期是否表现得过于强势。一开始，我确实会不自觉地把工作上的态度带回家，但后来逐渐地我可以灵活控制自己了，一进家门就自然进入了丈夫和父亲的角色。"

其实正如小刚所言，角色之间的转换是可以不断完善的，从生硬到流畅，越来越自然。

"在不同角色之间顺利切换，久而久之，我会有一种强烈的胜任感。我一直很在意输赢，哪怕只是一场争论。尤其是在工作中，我认为很多东西是没有任何商量余地的。这种一定要争个高下的情况也曾出现在我跟妻子之间。虽然我赢了，但我一点也不觉得高兴。但当我开始灵活自如地切换角色后，我逐渐发现在家里我会主动示弱了。示弱后反而很放松，至少在家里我不太计较胜负了，这太令人激动了！原来我真的可以不用强硬的方式去沟通，而且效果非常好！"

当然，并非所有人都能达到小刚这样的状态。很多时候，我们甚至很难做到评估和控制自己的行为，更不要说"身兼多角"后的灵活切换了。能够在某一种角色中做到可进可退，可硬可软，对多数人来说就已经非常了不起了。

试想，如果你是一个隐蔽人格特征显著的人，但你希望改善自己和他人，尤其是和伴侣之间的关系，那你就可以训练自己在不同的角色中灵活切换，尤其是在与伴侣相处时有所收敛，这样你也能不断得到理解、帮助以及滋养。

结语

好，到了给整本书收尾的时候了。

回到最开始的问题：我为什么要写这样主题的一本书？

在前言中我已经介绍了缘起，写完整部书稿之后，我有了更多的思考。

任何情感关系中的伤害都不是一蹴而就的，两个人交往的过程就是一个彼此适应的过程，但在隐蔽的、不容易被察觉的一件件琐事中，受害者会像被温水煮的青蛙一样被驯化，很难反抗。

在亲密关系中，爱恨交织、个人感受与社会评价相冲突、物质依赖与情感依赖相交融，人与人的互动与其他因素有着千丝万缕的联系，很难用三言两语来形容。为了清晰地呈现各种隐蔽人格的表现，帮助大家理解，我对来访者的故事进行了一定程度的概括。在此提醒大家，在每个人具体的生活中，孤立的片段很难证实某个问题，其中复杂的原因需要大家进一步去分析和思考。

表面上看，本书是为了帮助大家认识到隐蔽人格的隐患，帮助大家分辨一段关系是否健康以及如何摆脱不良关系。归根结底，其实还是为了帮助大家经营一段能够滋养自己的亲密关系。

十分感激你能够看到这里。你也要感谢自己坚持读完了整本书。在当下这个快节奏时代，坚持是一种非常难能可贵的品质。去书店买书的人有很多，买回去能打开阅读的会少一些，能把书读一半的人少之又少，能全部看完的则寥寥无几。

在与亲密伴侣相处时，坚持同样可贵。它具体体现在以下三方面，我将其称为"三个坚持"，作为送给大家最后的建议。

❀ 坚持去标签化

整本书多次强调了，不建议我们去给伴侣贴上某个标签，尤其不要拿着本书中对某种人格描述的行为特征去给伴侣对号入座。虽然我知道，做到这一点很难。标签是极具符号意义的工具，最早源于建构主义的一种主观判定思潮。一旦你为别人贴了某种标签，大脑为了方便信息加工，当你下次见到这个人时，会立刻联想起这个标签。久而久之，你会认为这个标签便代表了这个人。甚至即便他的行为已经不符合标签的特征了，你依旧会期待他做出符合标签特征的行为。同时我们也知道，很多标签往往具有不小的负面含义，会导致我们把某人和相对应的负面含义自动联系起来。这不利于人与人的长期相处，尤其是亲密关系中的伴侣相处。因此，我希望我们尽可能地"去标签化"。人格是具有多元性的，用单一标签来描述一个人，太过片面了。

❀ 坚持接受一个完整的人

人格的统合性告诉我们，人是复杂多元的。这个世界上只有完美的人设，没有完美的人。

在进入亲密关系之前，我们就应该告诉自己，未来或许对方会有很多让自己抓狂的表现，而这些问题往往在刚开始相处时并没有暴露出来，这是很正常的情况。我们需要用辩证统合的视角来看待这些问题。

其一，他的某些"问题"可能只在跟你的互动过程中才会被称作问题，而如果放在别人的评价标准中，或许就不是问题了。当然，请不要误会，这并不是说问题出在你身上。那么问题出在哪里呢？这就要看你们的互动模式了。例如，你的伴侣在房间里抽烟，而你不抽烟，甚至闻到烟味就难受，自然就会不高兴。这种情况下，矛盾就出现了。但如果两个人都抽烟，或许就能够达到某种平衡，问题也就不存在了。所以，需要改变的不是某个人，而是你们的互动模式。如果能够主动沟通，协商出一个让双方都能接受的策略，达到彼此都舒服的相处状态，问题就迎刃而解了。

其二，或许他只有某一个行为让你难以忍受，但在其他方面的表现都令你满意。所以，你不能仅仅因为某方面不合心意而"一棍子将对方打死"。你还要考虑对方身上吸引你的因素。当然，影响你们最终关系的还是那个公式：结果＝奖赏－代价。

最后引用一个来访者的原话："有的时候想想，真要是换了对象，下一个也许还不如他呢！谁没点儿毛病啊，你说是不是？你反感他这里，他反感你那里，大家大差不差，凑合过得了。"她最后说到点子上了——最重要的是和伴侣之间形成一种平衡的关系。

❀ 坚持以纵向的视角看待关系

要说当下流行什么，短视频肯定算一个。

为什么短视频会流行呢？很多人的回答是：短、好玩而且不费脑子。大家平时太忙了，没时间也没耐心去看长视频，更别说是安静地读书了。

受到流行文化的影响，我们生活的方方面面都在追求短、平、快，连人与人之间的相处也不例外。有的人甚至忙到只能通过相亲来扩大自己的社交圈子。而这种类似快餐的生活方式让我们很难有耐心用心与人相处，我们有时候太有目的性了，太功利了。因为各种因素急于恋爱成家的职场单身人士，时间有限，跟对象见了几次就订婚过日子的不在少数。当然，日子没过多久就又去民政局的也屡见不鲜。

对待亲密关系是不能急于求成的，即便是年轻人偏好的短期择偶，也需要对对方有较为充分的了解。我和研究团队开展的 3 年追踪研究发现，伴侣的人格是可以改变的，但一定要以伴侣之间充分的行为互动为基础。这个结论也提醒大家，对亲密关系要有基本的耐心，不能太急于给对方、给这段关系下结论。不要选择短视频式的快餐生活方式，要以长期视角来综合衡量一段关系的发展轨迹。

很多来访者都曾表示，之前由于极为缺乏耐心，且轻易给对方贴标签、下结论，错过了人生中很重要的亲密伴侣，若干年后回想，觉得很遗憾。虽然人生难免有遗憾，但对于很多自己可以把握的事情，尤其是一生中最重要的亲密关系，确实应该多一分谨慎，多一分耐心。

最后，我想把亲密关系的六要素分享给各位：了解、关心、相互依赖、相互一致、信任以及承诺。它们可以一个个地按时间先后顺序出现，也可以同时发生。

了解：了解对方的喜好、习惯和性格是建立亲密关系的基础。花时间去倾听对方的想法，理解对方的感受，不仅能增加彼此之间的默契度，还可以在遇到问题时更快地找到解决办法。

关心：无论是身体上的照顾，还是精神上的安慰，都是表达关爱的方式。适当地给予支持和帮助也可以增强彼此间的纽带。

相互依赖：指伴侣彼此需要的程度以及影响对方的程度，这种依赖是频繁出现的、强烈的、多样且持久的。一方的行为在影响对方的同时，也影响着自己。适当地求助于对方可以使两人的关系更紧密。

相互一致：这是一种生活上的高度融合，更多地用"我们"来代替"我"和"他/她"，考虑事情便不会只从自身出发，有助于真正做到你中有我，我中有你。如果有分歧，应通过沟通和妥协来寻找平衡点，而不是强迫对方接受自己的观点。

信任：这对于维护亲密关系至关重要。信任一旦被破坏，就很难恢复。为了建立和维护信任，我们应该诚实、公开，并尽可能避免做出伤害对方或可能引发误解的行为。

承诺：这意味着愿意付出时间和精力来经营这段关系，包括为彼此创造美好回忆、面对挑战时不放弃等等。

不管你此时此刻正处在哪个阶段，但愿你未来可以在自己的亲密关系中真正领悟这六要素，获得提升亲密关系的智慧与力量。

参考文献

邓林园，戴丽琼，方晓义，2014.夫妻价值观相似性、沟通模式与婚姻质量的关系.心理与行为研究，12(2)：231-237.

秦峰，许芳，2013.黑暗人格三合一研究述评.心理科学进展，21(7)：1248-1261.

徐安琪，1994.中国离婚现状、特点及其趋势.上海社会科学学院学术季刊(2)：156-165.

徐安琪，叶文振，2002.婚姻质量：婚姻稳定的主要预测指标.上海社会科学院学术季刊(4)：103-112.

叶文振，林擎国，1998.当代中国离婚态势和原因分析.人口与经济(3)：22-28.

叶文振，徐安琪，1999.中国婚姻的稳定性及其影响因素.中国人口科学(6)：7-12.

于悦，郭昫澄，周明洁，贺琼，张建新，2017.国企员工工作——家庭平衡与抑郁水平的交叉滞后分析.中国心理卫生杂志，31(10)：820-824.

于悦，贺琼，王宇宸，张建新，2018.暗黑人格的性别差异及对关系满意度的跨性别一致性.中华行为医学与脑科学，27(7)：639-643.

于悦，姜媛，方平，贺琼，张琨，2014.音乐诱发情绪测量及其影响因素.心理与行为研究(5)：695-700.

于悦，王宇宸，贺琼，张建新，2019.伴侣关系满意度与暗黑人格和沟通频率的关系.中国心理卫生杂志(2)：158-160.

于悦，周明洁，郭昫澄，贺琼，张建新，2016.国企员工工作－家庭平衡对工作投入及满意度的影响：人格的调节作用.中国临床心理学杂志，24(3)：504-508+513.

张锦涛，方晓义，戴丽琼，2009.夫妻沟通模式与婚姻质量的关系.心理发展与教育，2(2)：109-115.

张琨，方平，姜媛，于悦，欧阳恒磊，2014.道德视野下的内疚.心理科学进展(10):1628-1636.

张秋丽，孙青青，郑涌，2015.婚恋关系中的相似性匹配及争议.心理科学，38(3)：748-756.

AJZEN I, FISHBEIN M, 1977. Attitude-behavior relations: A theoretical analysis and review of empirical research. Psychological bulletin, 84(5):888-918. doi:10.1037/0033-2909.84.5.888.

ANDERSEN S M, GLASSMAN N S, GOLD D A, 1988. Mental representations of the self, significant others and nonsignificant others: Structure and processing of private and public aspects. Journal of personality and social psychology, 75(4):845-861. doi:10.1037//0022-3514.75.4.845.

ASENDORPF J B, VAN AKEN M A, 2003.Personality-relationship transaction in adolescence: Core versus surface personality characteristics. Journal of personality, 71(4):629-666. doi:10.1111/1467-6494.7104005.

BACKMAN H, LAAJASALO T, JOKELA M, ARONEN E T, 2018. Interpersonal relationships as protective and risk factors for psychopathy: A follow-up study in adolescent offenders. Journal of youth and adolescence,

47(5) :1022-1036. doi:10.1007/s10964-017-0745-x.

BAUCOM D H, NOTARIUS, C I, BURNETT C K, HAEFNER P, 1990. The psychology of marriage: Basic issues and applications. New York: Guilford Press.

BEACH S R, ARIAS I, 1983. Assessment of perceptual discrepancy: Utility of the primary communication inventory. Family process, 22(3):309-316. doi:10.1111/j.1545-5300.1983.00309.x.

BLAIR R J R, 2013. The neurobiology of psychopathic traits in youths. Nature reviews neuroscience, 14(11):786-799. doi:10.1038/nrn3577.

BRADBURY T N, KARNEY B R, 2013. Intimate relationships(2nd ed.). New York: Norton.

CALDWELL M F, MCCORMICK D, WOLFE J, UMSTEAD D, 2012. Treatment-related changes in psychopathy features and behavior in adolescent offenders. Criminal justice and behavior, 39(2):144-155. doi:10.1177/0093854811429542.

CAO H, FANG X, FINE, M A, JU X, LAN J, ZHOU N, 2017. Sacrifice, commitment and marital quality in the early years of Chinese marriage: An actor-partner interdependence moderation model. Journal of social and personal relationships, 34(7):1122-1144. doi:10.1177/0265407516670041.

CHOI I, NISBETT R E, 1988. Situational salience and cultural differences in the correspondence bias and actor-observer bias. Personality and social psychology bulletin, 24(9):949-960. doi:10.1177/0146167298249003.

CHRISTENSEN A, HEAVEY C L, 1990. Gender and social structure in the demand/withdraw pattern of marital conflict. Journal of personality and social psychology, 59(1):73-81. doi:10.1037/0022-3514.59.1.73.

CLECKLEY H, 1988. The mask of sanity(5th ed.). St. Louis, MO: Mosby.

COLVER A, LONGWELL S, 2013. New understanding of adolescent brain development: Relevance to transitional healthcare for young people with long term conditions. Archives of disease in childhood, 98(11):902-907. doi:10.1136/archdischild-2013-303945.

DECUYPER M, DE BOLLE M, DE FRUYT F, 2012. Personality similarity, perceptual accuracy and relationship satisfaction in dating and married couples. Personal relationships, 19(1): 128-145. doi:10.1111/j.1475-6811.2010.01344.x.

ECHTERHOFF G, HIGGINS E T, 2017. Creating shared reality in interpersonal and intergroup communication: The role of epistemic processes and their interplay. European review of social psychology, 28(1):175-226. doi: 10.1080/10463283.2017.1333315.

ECHTERHOFF G, HIGGINS E T, LEVINE J M, 2009. Shared reality: Experiencing commonality with others' inner states about the world. Perspectives on psychological science, 4(5): 496-521. doi:10.1111/j.1745-6924.2009.01161.x.

EDENS J F, MARCUS D K, LILIENFELD S O, POYTHRESS JR N G, 2006. Psychopathic, not psychopath: Taxometric evidence for the dimensional structure of psychopathy. Journal of abnormal psychology, 115(1):131-144. doi:10.1037/0021-843X.115.1.131.

FLEMING C B, WHITE H R, CATALANO R F, 2010. Romantic

relationships and substance use in early adulthood: An examination of the influences of relationship type, partner substance use and relationship quality. Journal of health and social behavior, 51(2):153-167. doi:10.1177/0022146510368930.

FOULKES L, 2019. Sadism: Review of an elusive construct. Personality and individual differences (151):109500. doi: org/10.1016/j.paid.2019.07.010.

FRANK E, KUPFER D J, 1976. In every marriage there are two marriages. Journal of sex & marital therapy, 2(2):137-143. doi: 10.1080/00926237608402972.

FREDRICKSON B L, 1998. What good are positive emotions? Review of general psychology (2): 300-319. doi:10.1037/1089-2680.2.3.300.

FRICK P J, RAY J V, THORNTON L C, KAHN R E, 2014. Can callous-unemotional traits enhance the understanding, diagnosis and treatment of serious conduct problems in children and adolescents? A comprehensive review. Psychological bulletin, 140(1):1-57. doi:10.1037/a0033076.

FURNHAM A, RICHARDS S, PAULHUS D, 2013. The dark triad: A 10-year review. Social & personality psychology compass (7):199-216. doi:10.1111/spc3.12018.

FURNHAM A, TRICKEY G, 2011. Sex differences in the dark side traits. Personality and individual differences (50):517-522. doi:10.1016/j.paid.2010.11.021.

GABRIEL B, BEACH S R, BODENMANN G, 2010. Depression, marital satisfaction and communication in couples: Investigating gender differences. Behavior therapy, 41(3):306-316. doi:10.1016/j.beth.2009.09.001.

GALLREIN A M B, CARLSON E N, HOLSTEIN M, LEISING D, 2013. You spy with your little eye: People are "blind" to some of the ways in which they are consensually seen by others. Journal of research in personality, 47(5): 464-471. doi:10.1016/j.jrp.2013.04.001.

GATNER D T, BLANCHARD A J, DOUGLAS K S, LILIENFELD S O, EDENS J F, 2018. Psychopathy in a multiethnic world: Investigating multiple measures of psychopathy in Hispanic, African American and Caucasian offenders. Assessment, 25(2):206-221. doi:10.1177/1073191116639374.

GEIST R L, GILBERT D G, 1996. Correlates of expressed and felt emotion during marital conflict: Satisfaction, personality, process and outcome. Personality and individual differences (21):49-60. doi:10.1016/0191-8869(96)00049-9.

GIRARD J M, MCDUFF D, 2017. Historical heterogeneity predicts smiling: Evidence from large-scale observational analyses. 2017 12th IEEE international conference on automatic face & gesture recognition,719-726.

GONG X, WONG N, WANG D, 2018. Are gender differences in emotion culturally universal? Comparison of emotional intensity between Chinese and German samples. Journal of cross-cultural psychology, 49(6):993-1005. doi:10.1177/0022022118768434.

GONZAGA G C, CAMPOS B, BRADBURY T, 2007. Similarity, convergence and relationship satisfaction in dating and married couples. Journal of personality and social psychology, 93(1): 34-48. doi:10.1037/0022-3514.93.1.34.

GUNASEKARA P B, SENARATNE C, 2019. Psychopathy prediction and factorial classification on Twitter profiles. 2019 IEEE 5th international conference for convergence in technology, 1-3. doi:10.1109/I2CT45611.2019.9033560.

GULLHAUGEN A S, SAKSHAUG T, 2019. What can we learn about

psychopathic offenders by studying their communication? A review of the literature. Journal of psycholinguistic research, 48(1):199-219. doi:10.1007/s10936-018-9599-y.

HANCOCK J T, WOODWORTH M, PORTER S, 2013. Hungry like the wolf: A word pattern analysis of the language of psychopaths. Legal and criminological psychology, 18(1): 102-114. doi:10.1111/j.2044-8333.2011.02025.x.

HARDIN C D, HIGGINS E T, 1996. Handbook of motivation and cognition, vol.3, The interpersonal context. New York: The Guilford Press. doi:10.1111/j.1745-6924.2009.01161.x.

HAVILAND M G, SONNE J L, KOWERT P A, 2004. Alexithymia and psychopathy: Comparison and application of California Q-set prototypes. Journal of personality assessment, 82(3):306-316. doi:10.1207/s15327752jpa8203_06.

HE Q, TAO W L, WANG Y, YU Y, ZHANG J X, 2023. Perceptual similarity of psychopathy and marital quality in Chinese married couples: The mediating role of couple communication. PsyCh journal, 627. doi: 10.1002/pchj.627.

HE Q, TONG W, YU Y, ZHANG J, 2023. Marital quality improves self- and partner-reported psychopathy among Chinese couples: A longitudinal study. Journal of personality (00):1-15. https://doi.org/10.1111/jopy.12841.

HE Q, WAN Y, XING Y, YU Y, 2018. Dark personality, interpersonal rejection and marital stability of Chinese couples: An actor-partner interdependence mediation model. Personality & individual differences

(134):232-238. https://doi.org/10.1016/j.paid.2018.06.003.

HE Q, ZHENG Y, YU Y, ZHANG J, 2023. The dark triad, performance avoidance and academic cheating. PsyCh journal, 1-3. https://doi.org/10.1002/pchj.632.

HOGAN R, ROBERTS B W, 2004. A socioanalytic model of maturity. Journal of career assessment, 12(2):207-217. doi: 10.1177/1069072703255882.

HOOPER D, COUGHLAN J, MULLEN M R, 2008. Structural equation modelling: Guidelines for determining model fit. The electronic journal of business research methods, 6(1): 53-60.

HU L T, BENTLER, P M, 1999. Cutoff criteria for fit indexes in covariance structure analysis: Conventional criteria versus new alternatives. Structural equation modeling (6):1-55. doi:10.1080/10705519909540118.

IRELAND J L, MANN S, LEWIS M, OZANNE R, MCNEILL K, IRELAND C A, 2020. Psychopathy and trauma: Exploring a potential association. International journal of law and psychiatry, 69. doi:10.1016/j.ijlp.2020.101543.

JACOBSON N S, MOORE D, 1981. Spouses as observers of the events in their relationship. Journal of consulting and clinical psychology, 49(2):269-277. doi:10.1037//0022-006x.49.2.269.

JU X, LI X, XIE Q, CAO H, FANG X, 2015. The study on event-specific effect and contexual effect of interactive behavior of newlywed couples. Studies of psychology and behavior, 13(2):162-170. doi:10.3969/j.issn.1672-0628.2015.02.003.

JU X, FANG X, DAI L, CHI P, 2012. The comparison study on Macau and Northeast Chinese couples: The relationship between communication patterns and marital satisfaction. Studies of psychology and behavior, 10(2):131-137. doi:10.3969/j.issn.1672-0628.2012.02.009.

KARDUM I, HUDEK-KNEZEVIC J A S N A, SCHMITT D P, COVIC M, 2017. Assortative mating for dark triad: Evidence of positive, initial and active assortment. Personal relationships, 24(1):75-83. doi:10.1111/pere.12168.

KARNEY B R, BRADBURY T N,1995. The longitudinal course of marital quality and stability: A review of theory, method and research. Psychological bulletin, 118(1):3-34. doi:10.1037/0033-2909.118.1.3.

KIEHL K A, 2006. A cognitive neuroscience perspective on psychopathy: Evidence for paralimbic system dysfunction. Psychiatry research, 142(2-3):107-128. doi:10.1016/j.psychres.2005.09.013.

LAVNER J A, KARNEY B R, BRADBURY T N, 2016. Does couples' communication predict marital satisfaction, or does marital satisfaction predict communication?. Journal of marriage and family (78):680-694. doi:10.1111/jomf.12301.

LEBRETON J M, BINNING J F, ADORNO A J, 2006. Comprehensive handbook of personality and psychopathology, vol.1. New York: Wiley.

LEDERMANN T, MACHO S, KENNY D A, 2011. Assessing mediation in dyadic data using the actor-partner interdependence model. Structural equation modeling, 18(4):595-612. doi:10.1080/10705511.2011.607099.

LEE K, ASHTON M C, WILTSHIRE J, BOURDAGE J S, VISSER B A, GALLUCCI A, 2013. Sex, power and money: Prediction from the dark triad and honesty-humility. European journal of personality, 27(2):169-184.

doi:10.1002/per.1860.

LEVENSON M R, KIEHL K A, FITZPATRICK C M, 1995. Assessing psychopathic attributes in a noninstitutionalized population. Journal of personality and social psychology, 68(1): 151-158. doi:10.1037/0022-3514.68.1.151.

LILIENFELD S O, WATTS A L, FRANCIS SMITH S, BERG J M, LATZMAN R D, 2015. Psychopathy deconstructed and reconstructed: Identifying and assembling the personality building blocks of Cleckley's chimera. Journal of personality, 83(6):593-610. doi:10.1111/jopy.12118.

LODI-SMITH J, ROBERTS B W, 2007. Social investment and personality: A meta-analysis of the relationship of personality traits to investment in work, family, religion and volunteerism. Personality and social psychology review (11):68-86. doi:10.1177/1088868306294590.

LONEY B R, TAYLOR J, BUTLER M A, IACONO W G, 2007. Adolescent psychopathy features: 6-year temporal stability and the prediction of externalizing symptoms during the transition to adulthood. Aggressive behavior, 33(3):242-252. doi:10.1002/ab.20184.

LOVE A B, HOLDER M D, 2014. Psychopathy and subjective well-being. Personality and individual differences (66):112-117. doi:10.1016/j.paid.2014.03.033.

LOVE A B, HOLDER M D, 2016. Can romantic relationship quality mediate the relation between psychopathy and subjective well-being?. Journal of happiness studies (17):2407-2429. doi:10.1007/s10902-015-9700-2.

LUO S H, KLOHNEN E C, 2005. Assortative mating and marital

quality in newlyweds: A couple-centered approach. Journal of personality and social psychology (88):304-326. https://doi.org/10.1037/0022-3514.88.2.304.

LYNAM D R, GAUGHAN E T, MILLER J D, MILLER D J, MULLINS-SWEATT S, WIDIGER T A, 2011. Assessing the basic traits associated with psychopathy: Development and validation of the elemental psychopathy assessment. Psychological assessment, 23(1):108-124. doi: 10.1037/a0021146.

LYNAM D R, LOEBER R, STOUTHAMER-LOEBER M, 2008. The stability of psychopathy from adolescence into adulthood: The search for moderators. Criminal justice and behavior, 35(2):228-243. doi:10.1177/0093854807310153.

LYNAM D R, MILLER J D, 2015. Psychopathy from a basic trait perspective: The utility of a five-factor model approach. Journal of personality, 83(6):611-626. doi:10.1111/jopy.12132.

LYONS M, 2019. The dark triad of personality: Narcissism, machiavellianism and psychopathy in everyday life. Pittsburgh: Academic Press.

MALLE B F, KNOBE J, 1997. Which behaviors do people explain? A basic actor-observer asymmetry. Journal of personality and social psychology, 72(2):288-304. doi:10.1037/0022-3514.72.2.288.

MARCUS D K, CHURCH A S, O' CONNELL D, LILIENFELD S O, 2018. Identifying careless responding with the psychopathic personality inventory-revised validity scales. Assessment, 25(1):31-39. doi:10.1177/1073191116641507.

MOREIRA D, ALMEIDA F, PINTO M, FÁVERO M, 2014. Psychopathy:

A comprehensive review of its assessment and intervention. Aggression and violent behavior, 19(3):191-195. doi:10.1016/j.avb.2014.04.008.

MOSHAGEN M, HILBIG B E, ZETTLER I, 2018. The dark core of personality. Psychological review (125): 656-688. http://doi.org/10.1037/rev0000111.

MURIS P, MERCKELBACH H, OTGAAR H, MEIJER E, 2017. The malevolent side of human nature: A meta-analysis and critical review of the literature on the dark triad (narcissism, machiavellianism and psychopathy). Perspectives on psychological science, 12(2):183-204. doi:10.1177/1745691616666070.

MUND M, FINN C, HAGEMEYER B, NEYER F J, 2016. Understanding dynamic transactions between personality traits and partner relationships. Current directions in psychological science, 25(6): 411-416. doi:10.1177/ 0963721416659458.

NAVRAN L, 1967. Communication and adjustment in marriage. Family process (6):173-184. doi:10.1111/j.1545-5300.1967.00173.x.

NAYLOR R W, 2007. Nonverbal cues-based first impressions: Impression formation through exposure to static images. Marketing letters (18):165-179. doi: 10.1007/s11002-007-9010-5.

NEWMAN J P, MACCOON D G, VAUGHN L J, SADEH N, 2005. Validating a distinction between primary and secondary psychopathy with measures of Gray's BIS and BAS constructs. Journal of abnormal psychology, 114(2):319-323. doi: 10.1037/0021-843X.114.2.319.

NEYER F J, LEHNART J, 2007. Relationships matter in personality development: Evidence from an 8-year longitudinal study across young adulthood. Journal of personality (75):535-568. doi:10.1111/j.1467-6494.2007.00448.x.

NEYER F J, MUND M, ZIMMERMANN J, WRZUS C, 2014. Personality-relationship transactions revisited. Journal of personality, 82(6):539-550. doi:10.1111/jopy.12063.

NOLLER P, FEENEY J A, BONNELL D, CALLAN V J, 1994. A longitudinal study of conflict in early marriage. Journal of social and personal relationships, 11(2):233-252. doi:10.1177/0265407594112005.

NORTON R, 1983. Measuring marital quality: A critical look at the dependent variable. Journal of marriage and family (45):141-151. doi:10.2307/351302.

OBERLANDER J, GILL A J, 2006. Language with character: A stratified corpus comparison of individual differences in e-mail communication. Discourse processes, 42(3):239-270. doi:10.1207/s15326950dp4203_1.

O'BOYLE E H, FORSYTH D R, BANKS G C, MCDANIEL M A, 2012. A meta-analysis of the dark triad and work behavior: A social exchange perspective. The journal of applied psychology, 97(3):557-579. doi:10.1037/a0025679.

PATRICK C J, FOWLES D C, KRUEGER R F, 2009. Triarchic conceptualization of psychopathy: Developmental origins of disinhibition, boldness and meanness. Development and psychopathology, 21(3):913-938. doi:10.1017/S0954579409000492.

PAULHUS D L, VAZIRE S, 2007. Handbook of research methods in personality psychology. New York: The Guilford Press.

PAULHUS D L, WILLIAMS K M, 2002. The dark triad of personality: Narcissism, machiavellianism and psychopathy. Journal of research in personality (36):556-563. doi:10.1016/S0092-6566(02)00505-6.

PENNEBAKER J W, MEHL M R, NIEDERHOFFER K G, 2003. Psychological aspects of natural language use: Our words, our selves. Annual review of psychology, 54(1):547-577. doi:10.1146/annurev.psych.54.101601.145041.

PREACHER K J, HAYES A F, 2008. Asymptotic and resampling strategies for assessing and comparing indirect effects in multiple mediator models. Behavior research methods, 40(3):879-891. doi:10.3758/brm. 40.3.879.

RAY J J, RAY J A B, 1982. Some apparent advantages of subclinical psychopathy. Journal of social psychology (117):135-142. https://doi.org/10.1 080/00224545.1982.9713415.

REIDY D E, KEARNS M C, DEGUE S, LILIENFELD S O, MASSETTI G, KIEHL K A, 2015. Why psychopathy matters: Implications for public health and violence prevention. Aggression and violent behavior (24):214-225. doi:10.1016/j.avb.2015.05.018.

RHULE-LOUIE D M, MCMAHON R J, 2007. Problem behavior and romantic relationships: Assortative mating, behavior contagion and desistance. Clinical child and family psychology review, 10(1):53-100. doi:10.1007/ s10567-006-0016-y.

ROBERTS B W, WOOD D, 2006. Handbook of personality development. New York: Lawrence Erlbaum Associates Publishers.

ROBERTS B W, WOOD D, SMITH J L, 2005. Evaluating five factor theory and social investment perspectives on personality trait development. Journal of research in personality (39):166-184. doi:10.1016/j.jrp.2004.08.002.

SALEKIN R T, WORLEY C, GRIMES R D, 2010. Treatment of psychopathy: A review and brief introduction to the mental model approach for psychopathy. Behavioral sciences & the law, 28(2):235-266. doi:10.1002/bsl.928.

SALEKIN R T, LOCHMAN J E, 2008. Child and adolescent psychopathy: The search for protective factors. Criminal justice and behavior, 35(2):159-172. doi:10.1177/0093854807311330.

SANDBERG J G, HARPER J M, JEFFREY HILL E, MILLER R B, YORGASON J B, DAY R D, 2013. What happens at home does not necessarily stay at home: The relationship of observed negative couple interaction with physical health, mental health and work satisfaction. Journal of marriage and family, 75(4):808-821. doi:10.1111/jomf.12039.

SAVARD C, SIMARD C, JONASON P K, 2017. Psychometric properties of the French-Canadian version of the dark triad dirty dozen. Personality and individual differences (119):122-128. doi:10.1016/j.paid.2017.06.044.

SELIGMAN M E, CSIKSZENTMIHALYI M, 2014. Flow and the foundations of positive psychology. Dordrecht: Springer.

SCHAFFHUSER K, ALLEMAND M, MARTIN M, 2014. Personality traits and relationship satisfaction in intimate couples: Three perspectives on personality. European journal of personality, 28(2):120-133. doi:10.1002/per.1948.

SCHWARTZ H A, EICHSTAEDT J C, KERN M L, DZIURZYNSKI L,

RAMONES S M, AGRAWAL M, UNGAR L H, 2013. Personality, gender and age in the language of social media: The open-vocabulary approach. PloS one, 8(9):e73791. doi:10.1371/journal.pone.0073791.

SCHWITZGEBEL E, 2008. The unreliability of naive introspection. Philosophical review, 117(2): 245-273. doi:10.1215/00318108-2007-037.

SILLARS A, CANARY D J, TAFOYA M, 2004. Handbook of family communication. New York: Lawrence Erlbaum Associates Publishers.

SKEEM J L, POLASCHEK D L L, PATRICK C J, LILIENFELD S O, 2011. Psychopathic personality: Bridging the gap between scientific evidence and public policy. Psychological science in the public interest, 12(3):95-162. doi:10.1177/1529100611426706.

SMITH S F, LILIENFELD S O, 2013. Psychopathy in the workplace: The knowns and unknowns. Aggression and violent behavior, 18(2): 204-218. doi:10.1016/j.avb.2012.11.007.

SMITH S G, ZHANG X, BASILE K C, MERRICK M T, WANG J, KRESNOW M J, CHEN J, 2018. The national intimate partner and sexual violence survey: 2015 data brief-updated release. url: https://stacks.cdc.gov/view/cdc/60893.

SOTO C J, 2015. Is happiness good for your personality? Concurrent and prospective relations of the big five with subjective well-being. Journal of personality (83):45-55. doi:10.1111/jopy.12081.

STANLEY J H, WYGANT D B, SELLBOM M, 2013. Elaborating on the construct validity of the Triarchic Psychopathy Measure in a criminal offender sample. Journal of personality assessment, 95(4): 343-350.

doi:10.1080/0022 3891.2012.735302.

TEN BRINKE L, PORTER S, KORVA N, FOWLER K, LILIENFELD S O, PATRICK C J, 2017. An examination of the communication styles associated with psychopathy and their influence on observer impressions. Journal of nonverbal behavior, 41(3): 269-287. doi:10.1007/s10919-017-0252-5.

TONG W, LI P, ZHOU N, HE Q, JU X, LAN J, LI X, FANG X, 2018. Marriage improves neuroticism in Chinese newlyweds: Communication and marital affect as mediators. Journal of family psychology, 32(7): 986-991. doi:10.1037/fam0000448.

VAZIRE S, 2010. Who knows what about a person? The self-other knowledge asymmetry (SOKA) model. Journal of personality and social psychology, 98(2):281-300. doi:10.1037/a0017908.

VAZIRE S, CARLSON E N, 2011. Others sometimes know us better than we know ourselves. Current directions in psychological science, 20(2):104-108. doi:10.1177/0963721411402478.

WILLIAMS K M, NATHANSON C, PAULHUS D L, 2003. Structure and validity of the self-report psychopathy scale-III in normal populations. Poster session presented at the meeting of the American Psychological Association, Toronto, Canada.

VITACCO M J, NEUMANN C S, JACKSON R L, 2005. Testing a four-factor model of psychopathy and its association with ethnicity, gender, intelligence and violence. Journal of consulting and clinical psychology, 73(3): 466-476. doi:10.1037/0022-006X.73.3.466.

VIZE C E, LYNAM D R, COLLISON K L, MILLER J D, 2018.

Differences among dark triad components: A meta-analytic investigation. Personality disorders, 9(2):101-111. doi:10.1037/per0000222.

WEISS B, LAVNER J A, MILLER J D, 2018. Self- and partner-reported psychopathic traits' relations with couples' communication, marital satisfaction trajectories and divorce in a longitudinal sample. Personality disorders, 9(3): 239-249. doi:10.1037/per0000233.

WEN Z L, HAU K T, MARSH H W, 2004. Structural equation model testing: Cutoff criteria for goodness of Fit and Chi Square. Acta psychologica sinica (36):186-194. doi: 10.1007/BF02911031.

YU Y, WU D, WANG J M, WANG Y C, 2020. Dark personality, marital quality and marital instability of Chinese couples: An actor-partner interdependence mediation model. Personality and individual differences (154):109689. doi:10.1016/j.paid.2019.109689.

ZEDAKER S B, BOUFFARD L A, 2017. Relationship status, romantic relationship quality, monitoring and antisocial influence: Is there an effect on subsequent offending?. Journal of developmental and life-course criminology (3): 62-75. doi:10.1007/s40865-017-0056-7.

ZETTLER I, MOSHAGEN M, HILBIG B E, 2021. Stability and change: The dark factor of personality shapes dark traits. Social psychological and personality science, 12(6):974-983. https://doi. org/10.1177/1948550620953288.

ZHU W L, FANG P, XING H L, MA Y, YAO M L, 2020. Not only top-down: The dual-processing of gender-emotion stereotypes. Frontiers in psychology (11):1042. doi:10.3389/fpsyg.2020.01042.